Sueli Soares dos Santos Batista
Emerson Freire

Educação, Sociedade e Trabalho

1ª Edição

Dados Internacionais de Catalogação na Publicação (CIP)
(Câmara Brasileira do Livro, SP, Brasil)

Batista, Sueli Soares dos Santos
Educação, sociedade e trabalho / Sueli Soares dos Santos Batista, Emerson Freire. -- 1. ed.
-- São Paulo : Érica, 2014.

Bibliografia
ISBN 978-85-365-0888-7

1. Educação 2. Educação – Brasil 3. Educação – História 4. Sociedade 5. Sociologia educacional 6. Sociologia do trabalho I. Freire, Emerson. II. Título.

14-06960	CDD-370.19
	370.113

Índices para catálogo sistemático:
1. Educação e sociedade   370.19
2. Educação e trabalho   370.113

Copyright © 2014 da Editora Érica Ltda.
Todos os direitos reservados. Nenhuma parte desta publicação poderá ser reproduzida por qualquer meio ou forma sem prévia autorização da Editora Érica. A violação dos direitos autorais é crime estabelecido na Lei nº 9.610/98 e punido pelo Artigo 184 do Código Penal.

Coordenação Editorial:	Rosana Arruda da Silva
Capa:	Maurício S. de França
Edição de Texto:	Beatriz M. Carneiro, Silvia Campos
Revisão de Texto:	Clara Diament
Produção Editorial:	Adriana Aguiar Santoro, Dalete Oliveira, Graziele Liborni,
	Laudemir Marinho dos Santos, Rosana Aparecida Alves dos Santos, Rosemeire Cavalheiro
Produção Digital:	Alline Bullara
Editoração:	Desígnios Editoriais

Os Autores e a Editora acreditam que todas as informações aqui apresentadas estão corretas e podem ser utilizadas para qualquer fim legal. Entretanto, não existe qualquer garantia, explícita ou implícita, de que o uso de tais informações conduzirá sempre ao resultado desejado. Os nomes de sites e empresas, porventura mencionados, foram utilizados apenas para ilustrar os exemplos, não tendo vínculo nenhum com o livro, não garantindo a sua existência nem divulgação. Eventuais erratas estarão disponíveis para download no site da Editora Érica.

Conteúdo adaptado ao Novo Acordo Ortográfico da Língua Portuguesa, em execução desde 1º de janeiro de 2009.

A ilustração de capa e algumas imagens de miolo foram retiradas de <www.shutterstock.com>, empresa com a qual se mantém contrato ativo na data de publicação do livro. Outras foram obtidas da Coleção MasterClips/MasterPhotos© da IMSI, 100 Rowland Way, 3rd floor Novato, CA 94945, USA, e do CorelDRAW X5 e X6, Corel Gallery e Corel Corporation Samples. Copyright© 2013 Editora Érica, Corel Corporation e seus licenciadores. Todos os direitos reservados.

Todos os esforços foram feitos para creditar devidamente os detentores dos direitos das imagens utilizadas neste livro. Eventuais omissões de crédito e copyright não são intencionais e serão devidamente solucionadas nas próximas edições, bastando que seus proprietários contatem os editores.

Seu cadastro é muito importante para nós
Ao preencher e remeter a ficha de cadastro constante no site da Editora Érica, você passará a receber informações sobre nossos lançamentos em sua área de preferência.
Conhecendo melhor os leitores e suas preferências, vamos produzir títulos que atendam suas necessidades.

Contato com o editorial: editorial@editoraerica.com.br

Editora Érica Ltda. | Uma Empresa do Grupo Saraiva
Rua São Gil, 159 – Tatuapé
CEP: 03401-030 – São Paulo – SP
Fone: (11) 2295-3066 – Fax: (11) 2097-4060
www.editoraerica.com.br

Agradecimentos

Sempre nossos alunos merecem agradecimentos sinceros por suas interlocuções estimulantes que nos fazem aprender cada dia um pouco, em especial àqueles mais próximos e que no decorrer dos anos têm nos ajudado com as pesquisas desenvolvidas junto ao Núcleo de Estudos de Tecnologia e Sociedade (NETS), essenciais na elaboração e finalização deste livro.

Aos nossos familiares, por suportarem nossas ausências enquanto nossos olhos estavam fixos em um monitor, rodeados por livros, textos, anotações e com a cabeça bem para lá de Bagdá. Todo nosso carinho.

Sobre os autores

Sueli Soares dos Santos Batista é graduada em História pela Universidade de São Paulo (1992) e em Filosofia pela Universidade Estadual de Campinas (2007). Possui mestrado (1997) e doutorado em Psicologia da Aprendizagem e do Desenvolvimento Humano pela Universidade de São Paulo (2002). Atualmente é professora categoria Pleno II da Faculdade de Tecnologia de Jundiaí, professora pesquisadora do Centro Estadual de Educação Tecnológica Paula Souza, trabalhando em regime de jornada integral e coordenando o Núcleo de Estudos em Tecnologia e Sociedade (NETS). Realizou pós-doutorado pesquisando sobre infância e tecnologia no Departamento de História e Filosofia da Educação da Faculdade de Educação da Unicamp. É membro do Conselho Municipal de Patrimônio Cultural de Jundiaí. Atualmente leciona as disciplinas de Gestão do Patrimônio Cultural, Métodos para Produção de Conhecimento e Inovação e Empreendedorismo. Tem experiência na área de Educação, com ênfase em Fundamentos da Educação, atuando principalmente nos seguintes temas: tecnologia, cultura e educação; teoria crítica; filosofia da educação, indústria cultural, arte e sociedade. Participa do Grupo de Estudos de História e Memória da Educação Profissional. Publicou inúmeros trabalhos sobre educação, tecnologia e formação profissional, destacando-se a organização do livro intitulado *Educação Tecnológica: reflexões, teorias e práticas.*

Emerson Freire é doutor em Sociologia pela Unicamp e em Filosofia pela Universidade de Paris 1 – Panthéon Sorbonne – França. Concluiu o mestrado em Política Científica e Tecnológica também pela Unicamp. Possui graduação na área de informática. Foi ganhador do Prêmio Rumos de Pesquisa do Instituto Itaú Cultural em seleção nacional, destinado ao fomento de pesquisadores em arte-mídia. Contribui e faz parte da equipe editorial da Revista *Nada* (Lisboa) e é editor da Revista Eletrônica *Tecnologia e Cultura*, da Fatec/Jundiaí. Interessa-se pelas relações sociotécnicas produzidas no âmbito das produções artísticas que tematizam ou operam com as tecnologias contemporâneas, tendo artigos publicados e participação em eventos nacionais e internacionais sobre o assunto. Atualmente é Professor Associado da Faculdade de Tecnologia de Jundiaí, onde desenvolve pesquisa intitulada *Tecnocultura: a inserção do tecnólogo no mundo contemporâneo* e coordena o Núcleo de Estudos de Tecnologia e Sociedade (NETS). Desde 2003, é pesquisador do grupo de pesquisa CTeMe (Conhecimento, Tecnologia e Mercado), grupo vinculado à Unicamp, integrado por pesquisadores de diversas áreas de atuação: sociologia, antropologia, economia, matemática, computação, física e artes.

Sumário

Capítulo 1 – A Sociedade em Movimento e o Movimento da Sociedade: Fundamentos da Sociologia 9

1.1 Movimentos: o olhar sociológico 9

1.2 Entre duas revoluções 11

1.3 Um dos pioneiros da sociologia: Auguste Comte 16

1.4 Positivismo na educação 17

Agora é com você! 18

Capítulo 2 – O Pensar Sociológico: Durkheim, Weber e Marx 19

2.1 Desenvolvendo o pensar sociológico: Durkheim, Weber e Marx 19

    2.1.1 Durkheim: os fatos sociais 20

    2.1.2 Weber: da ação social ao tipo ideal 22

    2.1.3 Marx: alienação, luta de classes e mais-valia 25

Agora é com você! 28

Capítulo 3 – Introdução às Ciências da Educação 29

3.1 Princípio da pedagogia 29

3.2 *Paideia* e Pedagogia 30

3.3 A Pedagogia e as ciências da educação 31

3.4 As ciências da educação 34

Agora é com você! 37

Capítulo 4 – Sociologia da Educação: Princípios e Tendências Teóricas 39

4.1 O campo da sociologia da educação 39

4.2 Durkheim e a educação 40

4.3 Weber e a educação 42

4.4 Marxismo e educação 43

4.5 Herança e reprodução em Bourdieu e Passeron 44

4.6 Educação e teoria crítica da sociedade 46

4.7 Sociologia da educação no Brasil 46

Agora é com você! 50

Capítulo 5 – Educação nas Sociedades Tradicionais 51

5.1 A educação é uma invenção humana 51

5.2 Primeiros passos da educação: entre o mito e a racionalidade 52

5.3 Divisão social do trabalho e o saber discursivo 54

5.4 Cristianismo e educação: o ordenamento do mundo medieval 56

Agora é com você! 60

Capítulo 6 – Nascimento da Escola Moderna..61

6.1 A modernidade: as revoluções dentro da revolução 61

6.2 Um produto revolucionário: o livro 63

6.3 A criança aluno 65

6.4 Técnica e educação 67

Agora é com você! 68

Capítulo 7 – Educação Para Quê?..69

7.1 Educação para quê?: entre o *Homo faber* e o *Homo ludens* 69

7.2 Educar para quê?: adaptar ou emancipar 71

7.3 Acesso à educação no século XX: alfabetizar é preciso...73

7.4 Educação para quê?: alfabetizar ainda é preciso 74

7.5 Alfabetização dos trabalhadores 75

7.6 Educar para quê?: letramento na era digital 77

Agora é com você! 80

Capítulo 8 – Educação e Tecnologia 81

8.1 Sobre o tecnicismo educacional..81

8.2 Chegada das tecnologias da informação..83

8.3 Implicações das tecnologias da informação e o EaD 86

Agora é com você! 90

Capítulo 9 – O Mundo do Trabalho e o Mundo da Escola...91

9.1 Criança não trabalha 91

9.2 A escola e o mercado de trabalho 92

9.3 O espaço da escola e as relações de poder 94

9.4 A crise das disciplinas, o controle em espaço aberto e a educação 99

Agora é com você! 104

Capítulo 10 – O Trabalho como Princípio Educativo 105

10.1 O homem é produtor de cultura..105

10.2 Instrumentos de trabalho produzindo o homem 107

10.3 Do trabalho escravo ao trabalho alienado 108

10.4 O trabalho no sentido ontológico e no sentido econômico 110

10.5 A formação para o trabalho e o trabalho como princípio educativo.....................112

Agora é com você! 116

Capítulo 11 – Educação e a Crise do Emprego 117

11.1 Da experiência do trabalho à motivação para o emprego......................................117

11.2 Trabalho formal e informal: desigualdade social, questões de gênero e etnia 119

11.3 Estudos sobre juventude e trabalho..121

11.4 Indicadores sociais brasileiros e o papel estratégico da educação profissional.....122

Agora é com você! 126

Bibliografia 127

Apresentação

O desafio de escrever um livro com o tema *Educação, Sociedade e Trabalho* não é pequeno. Cada palavra desta isolada mereceria um compêndio de livros cujos volumes provavelmente poucas estantes comportariam. Trata-se de uma tarefa tão desafiadora quanto estimulante. Mas, antes de começar, é bom que se diga que em nenhum momento se espera construir tal volume ou dar conta de uma tarefa impossível.

A pretensão é muito mais modesta: tentar encontrar conexões entre esses temas que se entrelaçam constantemente e de certa forma nos permitem descobrir como nós mesmos nos encontramos no mundo diante de suas transformações. O objetivo é fazer com que o leitor perceba que palavras como educação, sociedade e trabalho, por corriqueiras que pareçam em nosso uso diário, são muito mais abrangentes, têm um alcance bem maior do que estamos acostumados a lhes atribuir. Mais do que definições e verdades acabadas, sempre pouco confiáveis, tentamos despertar o interesse para a reflexão sobre essas temáticas tão atuantes em nossas vidas, sempre que possível com exemplos do cotidiano, da literatura, do cinema e assim por diante.

Evidentemente, escolhas são feitas nesse caminho, e é preciso que se estabeleça alguma base conceitual para atingir esse objetivo. Os quatro primeiros capítulos têm essa função, preparar o solo e o alicerce para erguer as novas paredes que virão. Partimos dos estudos sobre a sociedade, da conformação do campo da sociologia. O Capítulo 1 apresenta o olhar sociológico, como ele observa ao mesmo tempo o movimento *na* sociedade e o movimento *da* sociedade durante o correr dos tempos. O Capítulo 2 complementa o primeiro, trazendo os pensadores clássicos da sociologia: Durkheim, Weber e Marx. Não se trata de cumprir um protocolo e falar dos fundadores do pensamento sociológico por costume. Esses autores trouxeram contribuições e conceitos essenciais para a compreensão das relações sociais e que influenciaram e influenciam até os dias atuais pesquisadores do mundo todo. No terceiro capítulo se estudam as bases da pedagogia e das ciências da educação, percebendo o contexto histórico de seu surgimento. Já o Capítulo 4 procura articular os dois primeiros com o terceiro, abordando a sociologia da educação, seu campo de atuação e as principais contribuições para a área.

A segunda sequência de capítulos, de 5 a 7, se debruça com mais ênfase sobre a educação. O Capítulo 5 começa um breve, e muito breve, panorama sobre o aparecimento da educação nas sociedades humanas, num passeio vertiginoso que vai desde os remotos tempos pré-históricos, passando pela Antiguidade e a Idade Média, chegando à Grécia e a Roma. Se o Capítulo 5 termina com informações sobre o cavaleiro medieval e seu ideal de formação, simbolizado na figura de Dom Quixote de la Mancha, o cavaleiro andante de Cervantes, o sexto capítulo se abre com a desconstrução desse ideal medieval e a passagem de uma sociedade baseada nos feudos para outra cujo motor é o capital, a sociedade capitalista, completando as andanças pela história da educação. Traçadas essas linhas desse quadro panorâmico da educação ao longo do tempo, o sétimo capítulo se questionará sobre as finalidades da educação, desde o racionalismo para a dominação da natureza até a formação dos trabalhadores, assim já estabelecendo ligações iniciais para discussão sobre o mundo do trabalho e o mundo educacional, introduzindo questões mais atuais, como a alfabetização digital.

O Capítulo 8 funciona como uma transição para os temas do trabalho que virão, abordando uma questão incontornável no mundo contemporâneo: Educação e Tecnologia. O surgimento e espalhamento das tecnologias da informação por toda a sociedade, como não poderia deixar de ser, atingem em cheio as práticas educacionais. Primeiro, é preciso entender como se dá a inserção das mais diversas tecnologias em um contexto particular, o do tecnicismo educacional, durante o período militar. Em seguida, quais as características da inclusão de dispositivos tecnológicos informacionais dentro das salas de aula e os problemas de inclusão/exclusão digital que geram. Depois, como o desenvolvimento dessas tecnologias implicou a conformação do ensino a distância, pensando em suas fundamentações teóricas.

O último bloco de capítulos, de 9 a 11, procura alinhavar com o mundo do trabalho o que foi tratado nos capítulos anteriores. O Capítulo 9 ocupa-se da distinção entre o mundo do trabalho e o mundo da escola, com suas particularidades e ressonâncias. Preocupa-se, também, em captar como se dão as relações de poder no espaço da escola, e seus reflexos no mundo do trabalho, na transição do modelo mecânico industrial para as sociedades baseadas na informação. Por sua vez, o Capítulo 10 centra-se mais detidamente na ampliação da concepção do trabalho e da formação para o trabalho, o significa também retomar os fundamentos filosóficos do trabalho e colocá-los em relação à escola e à sociedade. O Capítulo 11, o último, aborda o tema do emprego e da empregabilidade, incluindo o trabalho formal e informal, trazendo indicadores socioeconômicos e procurando destacar o universo do trabalho juvenil, suas dificuldades e desafios. Também, nesse contexto, observam-se as iniciativas relativas à educação profissional técnica e tecnológica visando uma melhor inserção do jovem na sociedade contemporânea.

O leitor perceberá, esperamos, que, ao falar de sociedade, estamos abordando a educação e o trabalho, que quando estamos tratando de educação misturam-se questões sobre trabalho e relações sociais, e que, quando o assunto é trabalho, educação e as ações sociais vêm à tona naturalmente. São cruzamentos inevitáveis e próprios das temáticas trabalhadas, o que as torna mais fascinantes em sua complexidade.

Como dissemos, a tarefa é ao mesmo tempo difícil e empolgante. Esperamos que pelo menos um pouco do prazer e das interrogações que surgiram durante a escrita deste livro seja sentido por aqueles que se deixarem levar por sua leitura.

Os autores

A Sociedade em Movimento e o Movimento da Sociedade: Fundamentos da Sociologia

Para começar

Entender os fundamentos da Sociologia é o propósito principal deste capítulo inicial. Para tanto, é preciso compreender o sentido de seu estudo, observar o comportamento social e olhar para a conformação do próprio termo sociedade. A partir daí, será necessário compreender melhor o contexto histórico em que se dá o surgimento dos estudos sobre a sociedade. Neste capítulo é apresentado o pensamento de um dos precursores da sociologia, Auguste Comte, cuja formulação teórica foi chamada de positivismo. Ainda é abordada a importância do positivismo para a formação da república e da educação brasileiras no final do século XIX e começo do século XX.

1.1 Movimentos: o olhar sociológico

A experiência de estar no topo de um prédio em uma grande cidade e olhar para baixo é mesmo curiosa. É como se estivéssemos observando e acompanhando o movimento de uma colônia de formigas lá embaixo. Automóveis, pessoas, bicicletas, motos, cachorros, árvores, metrôs, tudo em tamanho minúsculo, em movimento, de um lado para outro, às vezes de forma sincronizada, outras não, cada qual seguindo seu propósito e sentido.

E se aumentarmos o grau da lente, se aplicarmos um *zoom* em nossa atenção a esse movimento, perceberemos em microrregiões inúmeras microações e microrrelações acontecendo simultaneamente. Ali à esquerda um grupo de estudantes segue para a escola; na calçada em frente, uma fila enorme diante de uma agência de empregos; no outro quarteirão, uma passeata de protesto, com policiais por perto aguardando ordens para manter a ordem; clientes deixam as lojas com sacolas cheias de compras, enquanto um menino estica o braço em direção aos vidros semiabertos dos carros pedindo alguns trocados, e um senhor de gravata com uma pasta na mão acaba de adentrar o banco, mas não sem antes jogar o chiclete mascado no chão.

É toda uma cadeia de eventos e relações que formam um conjunto, ao qual habitualmente se chama Sociedade. Como entendê-la? Como estudá-la? Como compreendê-la?

Hoje é simples pensar que somos seres sociais, que nos comunicamos, interagimos, temos relações trabalhistas, relações com o Estado, com a escola, com o banco, com a família. Mas nem sempre foi assim, ou, pelo menos, não da mesma maneira. Mesmo havendo essa consciência do social, não existia uma preocupação com o estudo detalhado dessas relações de modo científico.

Nem mesmo a própria palavra Sociedade tem seu significado tão claro e solidificado como se costuma pensar. Muitas definições propõem uma sociedade somente de humanos, de pessoas, de indivíduos humanos. Mas, se a vista aérea de um prédio nos mostrou muito mais coisas em conexão, onde semáforos controlam o ir e vir dessas pessoas e de máquinas, como os carros; se o operário da obra utiliza suas ferramentas ruidosas para a construção; se o bancário manipula dados invisíveis em seu computador; se os animais que as pessoas carregam consigo na cidade também sofrem com a diminuição das plantas e a falta de terra nos centros urbanos; se encontramos menos verduras e mais produtos industrializados nos supermercados; se os hospitais estão superlotados de pessoas, muitas esperando para usar os equipamentos de última geração nos diagnósticos mais caros; se as prisões há tempos não servem mais ao propósito de reeducar; enfim, se tudo isso acontece ao mesmo tempo, em inúmeros lugares do globo, como dar conta dessa complexidade e restringir o conceito de Sociedade apenas aos indivíduos humanos, esquecendo os elementos não humanos que fazem parte dessa engrenagem social?

Na origem da palavra sociedade encontra-se *socius*, palavra em latim que remete a um conjunto de associações, de conexões, uma rede de relações, de tradições e de instituições, que se conforma das maneiras mais diversas. Portanto, qualquer restrição parece empobrecer a questão e não permitir uma compreensão real do mundo contemporâneo. No entanto, em um estudo científico, algumas escolhas e recortes são necessários para que se entenda minimamente um determinado fenômeno. Toda essa discussão faz parte do início dos estudos sobre o social e se mantém até os dias atuais. Nessas escolhas e recortes sempre será necessário considerar a época, os elementos principais que compõem a dinâmica social em determinado período, inclusive com comparações com outros períodos históricos.

Um comportamento social da época feudal é diferente da era industrial, que se modifica após a difusão das tecnologias da informação e da comunicação dos últimos anos. Claro que se podia observar no mundo antigo essas movimentações, essas microações e microrrelações. Porém, cada período contém suas movimentações típicas, e o olhar sobre elas também muda.

Por exemplo, considerando as relações invisíveis na sociedade hoje: se aplicarmos mais um *zoom* àquele que percebe as microrregiões e a microrrelações de cima do prédio que falávamos antes, veremos as pessoas conectadas em seus *smartphones* e *tablets*, em redes sociais ou atividades de trabalho. Com mais cuidado, hoje, nem mesmo subir no alto de um prédio seria necessário, bastaria acessar o Google Earth, pegar as imagens das câmeras de vigilância espalhadas por todo canto da cidade ou manipular as informações de um banco de dados.

Em outras palavras, existe uma sociedade *em* movimento e um movimento *da* sociedade. Esses movimentos, nessa alternância entre o olhar micro e macro na sociedade ao longo do tempo, ou em determinado momento do tempo, são a preocupação maior dos pesquisadores desde o início dos estudos sobre o social.

1.2 Entre duas revoluções

O começo dos estudos científicos sobre o movimento da sociedade sofre influência direta de um período de grandes e profundas transformações na vida das pessoas, das instituições, das formas de governo, entre 1789 e 1848, com dois acontecimentos mais importantes chegando a receber o nome de revoluções, dado o nível de mudanças estruturais que proporcionaram: a Revolução Francesa e a Revolução Industrial. A primeira, com foco na França, uma revolução com direito a armas e guilhotinas, sangrenta. A segunda, na Inglaterra, mais econômica, científica e tecnológica, porém não menos cruel e dolorida, dada a necessidade de se criar uma classe de operários e fazer a adaptação do campo para a cidade.

O período anterior à Revolução Francesa era denominado o Antigo Regime (*Ancien Régime*), da monarquia absolutista, ou seja, em que o poder do rei era absoluto, acima das outras instituições de poder do Estado, sendo que, no limite, vida e morte estavam sob sua decisão. O rei era o centro, a vida das pessoas estava em função da vida do monarca, o que não significa que não havia conflitos políticos.

Para se ter uma noção de como funcionava essa organização social, basta vermos o filme *A tomada de poder por Luís XIV*, de Roberto Rossellini. Luís XIV representa o auge da monarquia absoluta na França, era chamado de o Rei Sol, justamente porque o sol é o astro que dá vida e em torno do qual todos os outros giram. A famosa frase "O Estado sou eu" é atribuída a Luís XIV, embora os historiadores discordem da veracidade dessa frase ou de como ela foi dita efetivamente.

Ainda jovem, sabendo que o poder real estava agonizando em seu país, principalmente por questões de corrupção, Luís XIV resolve tomar o governo para si após a morte de seu preceptor, o influente cardeal Mazarin, que até então cuidara dos negócios reais, sem deixar de acumular uma expressiva fortuna pessoal.

O que interessa nessa história aqui é que, quando Luís XIV decide que governará diretamente, sem intermediários, toma algumas medidas para regrar a vida política e social da corte e do povo. De certa forma, o rei consegue, inclusive com suas extravagâncias na moda e nas edificações, alimentar e fortalecer ao máximo o regime absolutista e sufocar os problemas que já estavam aparecendo com força entre os opositores e que futuramente seriam alvo dos revolucionários burgueses.

Vejamos no filme de Rossellini um trecho do diálogo entre Luís XIV e o Sr. Colbert, novo conselheiro do rei e responsável pelas finanças:

> – O rei, Sr. Colbert, deve ser a alma do Estado. (...) não basta apoiar-se sobre quem nos é mais devotado. É preciso que cada um seja como um monarca... como a natureza é parte do sol.
>
> O povo deve ter garantidos trabalho e pão... para que a miséria não engendre novos rebeldes. Trataremos de aliviar taxas e impostos.
>
> Quanto à nobreza... quero que, de novo, espere tudo do rei. Privilégios, honras, dinheiro. Vamos mantê-la continuamente em nossa presença... separada da burguesia... e faremos com que ela ache... que ficar longe de nós é uma desgraça.
>
> – Cuide, Sire, que as despesas não sejam grandes.

– As despesas, Sr. Colbert, gerarão atividade e lucro. Comerciantes, artesãos... e burgueses entenderão que seu interesse está no rei... que fomenta empreendimentos. O que decidirmos... grandes obras, criação de manufaturas... conquista de terras, trará imensos lucros.

Eis as bases de minha política.

Está disposto a servi-las?

– Com toda a alma, Sire.

– Em sua opinião... de que meios precisaremos?

– Vossa Majestade o disse.

É preciso dotar a França das indústrias que lhe faltam... e fazê-la produzir armas, espelhos e tapeçarias. É preciso lhe dar uma frota e um império além-mar... No interior, será preciso trocar esmola por trabalho... pois os ociosos são presa fácil para agitadores.

É preciso cavar canais, abrir estradas... desenvolver haras para as forças armadas... tomar medidas que evitem escassez... desenvolver a agricultura.

É preciso reduzir as taxas que esmagam os camponeses... e contrabalançar a perda aumentando impostos indiretos... pagos por todos...

Esse sistema permite, como Vossa Majestade quer, reduzir a carga das classes mais desfavorecidas. Mas para aumentar a arrecadação mesmo assim...

A intensidade desse diálogo, que teria se dado por volta de 1661, é impressionante se pensarmos que muitas das frases nos lembram de procedimentos que ainda fazem parte de políticas públicas mais recentes, mesmo em regimes ditos democráticos.

Por outro lado, percebe-se nele a preocupação com a regulação das diversas classes da sociedade da época: o povo, a burguesia e a nobreza. O início da industrialização já estava em curso em outros países da Europa, notadamente na Inglaterra, o que não escapou ao jovem rei francês. Aos 22 anos apenas, mesmo considerado um festeiro, Luís XIV demonstrava uma capacidade de observação das microações e microrrelações, bem como tinha a visão macro da sua sociedade.

No entanto, não se tratava de um conhecimento científico, mas adquirido pela tradição e pela prática. Ou seja, como dissemos antes, a preocupação com o funcionamento, com a dinâmica da sociedade, seja ela de qual tipo for e para quais finalidades forem, de certa forma sempre existiu, porém ainda se estava no campo do senso comum, da observação sem uma metodologia científica. Mesmo porque o rei francês não estava preocupado com um estudo da sociedade, mas sim com a forma prática de controlá-la para manter seu poder.

De qualquer forma, a tensão que já existia foi encoberta com muita astúcia por Luís XIV por um longo tempo, porém em 14 de julho de 1789 acontece a Tomada da Bastilha pelos revolucionários, símbolo da Revolução Francesa. A Bastilha era uma fortaleza medieval que funcionava como prisão à época.

Em uma das salas mais visitadas do Museu do Louvre, encontra-se o quadro do pintor francês Eugène Delacroix intitulado *A Liberdade guiando o povo*.

Figura 1.1 – Quadro de Delacroix no Louvre: *A Liberdade guiando o povo* (1830).

O historiador da arte italiano Giulio Carlo Argan o considera o primeiro quadro político da pintura moderna. É uma obra para comemorar a Revolução de 1830, quando durante três dias Paris é tomada por barricadas, e o povo, liderado pela burguesia, sai às ruas e põe fim ao reinado de Carlos X. É uma das últimas revoluções armadas antes de 1848, todas inspiradas no 14 de Julho de 1789, na Queda da Bastilha, data mais comemorada até hoje na França.

No quadro de Delacroix vemos uma mulher de torso nu, a Liberdade-Pátria, segurando a bandeira de três cores, representando a **Liberdade**, a **Igualdade** e a **Fraternidade**, lema maior da Revolução Francesa. Na outra mão ela empunha um fuzil; abaixo, cadáveres dos vencidos. É como o fechamento de um ciclo, de um tipo de movimento da sociedade e da abertura para outro.

A Revolução Francesa lançou as bases para uma construção política e social moderna, a qual se espalhou aos poucos para outros países, como uma espécie de modelo universal. No entanto, ela não se fez sem violência, sem dor e sacrifícios. Liberdade, Igualdade, Fraternidade, mas, também, Terror. Curiosamente, a guilhotina foi inventada para humanizar as execuções capitais, as penas de morte, já que antes o processo era feito pela forca ou pela decapitação, conforme o caso. E mais, era uma invenção que partia da ideia de Igualdade, pois todos que sofressem a sentença de morte teriam a igualdade de execução. A guilhotina era uma máquina considerada um progresso técnico, indolor para o condenado, o que não acontecia com um enforcado ou um decapitado por machado, que poderia sofrer ainda um tempo, pois dependia da ação humana e esta poderia não ser realizada com perfeição. Foi o seu uso exaustivo e espetacular nos anos subsequentes à Tomada da Bastilha que a fez se tornar um aparelho de horror.

O então bem-intencionado deputado e médico Joseph-Guilhotin (1738-1814) teve seu invento, a guilhotina, consagrado durante o chamado *Terror*, mas seu nome e sua invenção foram rechaçados passado o ímpeto revolucionário. O jornal *Le Moniteur* em 1792, defendendo o uso da guilhotina, afirmou que a inovação de colocar a mecânica no lugar de um executor era digna dos séculos em que a humanidade viveria a partir da nova ordem instaurada pela Revolução Francesa (EINCHENBERG, 2007).

Figura 1.2 – A guilhotina se revelou um modo bastante eficaz de extermínio.

A guilhotina se popularizou a ponto de ganhar versões em miniatura, feitas de madeira ou marfim e adornadas com detalhes em ouro e prata. Crianças ganhavam guilhotinas de brinquedo, enquanto aristocratas se divertiam decapitando bonecos travestidos de líderes revolucionários. Guilhotin considerava que seus ideais humanitários e sua própria imagem haviam sido corrompidos pelos franceses, afinal, só quisera acabar com o sofrimento dos sentenciados, eliminando a dor e estabelecendo a igualdade perante a morte. A guilhotina é um bom exemplo das contradições inerentes ao progresso e à ideia que fazemos da civilização.

A Revolução Industrial já estava em plena marcha, mesmo antes do cerco à Bastilha, principalmente na Inglaterra, por volta de 1750. Uma série de renovações sociais e econômicas acontecia, seguidas por inovações tecnológicas, como a máquina a vapor e a mecanização. Era o surgimento da indústria e do modelo capitalista de produção. O mundo feudal necessitava e estava sendo eliminado com a burguesia em alta. Os camponeses precisaram deixar suas terras em direção às fábricas que se formavam. Não foi um processo simples e pacífico trazer esses camponeses e reformular seus hábitos em função da indústria; ao contrário, foi algo violento, moral e fisicamente. Primeiro, foi necessário expropriar suas produções familiares, artesanais, para torná-los muitas vezes indigentes e sem ocupação. Uma enorme massa de pessoas se dirigia para os centros urbanos e se via obrigada a vender a única coisa que tinha, sua força de trabalho, transformando-se em objeto de negociação com os donos de fábricas. Era a classe proletária que nascia.

À medida que se produzia, mais um mercado consumidor se formava, criando novos costumes e usos das pessoas. As relações sociais, por consequência, se alteravam rapidamente. As cidades aumentavam em tamanho e em população. Como as estruturas da cidade ainda estavam se formando, ela não dava conta do volume de pessoas, e muitas viviam em péssimas condições. O saneamento básico era precário ou nem existia em bairros proletários. Sem contar o trabalho excessivo, já que muitas indústrias estabeleciam jornadas de 14 a 16 horas diárias. Além disso, acontecia a exploração do trabalho de mulheres e crianças, com remunerações muito baixas.

Amplie seus conhecimentos

Os direitos trabalhistas, como existem atualmente, eram praticamente inexistentes. Não havia descanso semanal remunerado, férias ou mesmo aposentadoria. Os acidentes nas fábricas eram comuns, provocando mutilações e mesmo mortes de trabalhadores. Uma das obras literárias mais importantes das novas relações de trabalho que se tornaram dramáticas no século XIX é *Germinal*, de Émile Zola.

Saiba mais em <http://www.3livrossobre.com.br/resenhas-de-classicos-o-germinal-de-emile-zola/>.

Como consequências sociais desse processo havia um aumento nas taxas de mortalidade infantil, de alcoolismo, prostituição, entre outras.

E, uma vez que a burguesia assumia o poder, ela precisava criar mecanismos para continuar, avançar e não permitir revoltas que fossem contra seus interesses de capitalização. Portanto, era necessária a construção de teorias sobre a sociedade, para entendê-la e direcioná-la.

É nesse turbilhão que muitos estudiosos passaram a se interessar pelas mudanças trazidas por essas duas revoluções, procurando respostas e tentando compreender de forma mais profunda essas transformações e a novas formas de organização da sociedade que surgia.

1.3 Um dos pioneiros da sociologia: Auguste Comte

Quem primeiro usou o termo Sociologia, indicando-a como o estudo da sociedade e seu comportamento, foi o filósofo francês Auguste Comte (1798-1857). Mas, antes disso, ele e outros intelectuais haviam empregado outro termo: "Física Social".

Essa última nomenclatura tinha uma razão de ser. Além da influência das duas revoluções vistas, Francesa e Industrial, havia um avanço considerável nas ciências físico-naturais, ou seja, na Física, na Química, na Biologia, o que levava a uma crença no progresso científico para a melhoria social, que se daria quase que de forma automática. Investir na pesquisa científica passou a significar cada vez mais evolução socioeconômica.

Chamar as pesquisas sobre a sociedade de "Física Social" era o mesmo que inspirar-se nas ciências naturais para construir uma nova ciência, a Sociologia. Estava em questão o caráter científico no estudo do movimento da sociedade, da vida humana em grupo e de suas relações.

Em outras palavras, para Comte conhecer a sociedade de forma verdadeira só seria possível se fossem empregados métodos científicos semelhantes aos usados nas ciências naturais. Assim como o cientista constrói em seu laboratório provas empíricas, isto é, resultados a partir da experimentação direta, da observação, da comparação, assim deveria ser o trabalho da Física Social ou da Sociologia. Comte passou a usar Sociologia para separar-se de seus rivais e marcar um terreno teórico próprio no desenvolvimento da Filosofia Positiva fundada na neutralidade e na objetividade científica. Buscando compreender os movimentos sociais, ao isolá-los como simples objetos de análises, o positivismo pôde revelar causas e efeitos, mas não a natureza da dinâmica social não exatamente apreensível por modelos rígidos de observação.

Amplie seus conhecimentos

Positivismo: ordem e progresso

Quem olha nossa bandeira nacional brasileira lê o lema: Ordem e Progresso. A ciência positiva, ou o positivismo, tem justamente esse lema, emprestado à nossa bandeira. O positivismo é uma doutrina filosófica inaugurada por Auguste Comte, inspirada na valorização do método científico, na confiança na industrialização, no otimismo em relação ao progresso capitalista em função do desenvolvimento da técnica e da ciência. Uma experiência científica para funcionar requer método, que por sua vez implica certa ordem na organização. Daí expandir a ideia de ordem e progresso para o organismo social. Comte propunha a ciência como a nova religião da humanidade, pois, como portadora da verdade científica, poderia reformar a sociedade, seus indivíduos e suas instituições.

A filosofia burguesa liberal de Auguste Comte tornou-se um lema a partir do qual se organizou a República brasileira. Assim como no ideal positivista, o propósito da organização política e social era garantir a necessária evolução e o caminho natural ao progresso, afirmando uma ordem preestabelecida para a qual todo problema social era caso de polícia.

Leia mais sobre isso em: <http://www.ebah.com.br/content/ABAAAAr6cAE/positivismo-educacao>.

A física social ou a sociologia era o complemento ideal para a filosofia positiva de Comte:

> Eis a grande mas, evidentemente, única lacuna que se trata de preencher para constituir a filosofia positiva. Já agora que o espírito humano fundou a física celeste; a física terrestre, quer mecânica, quer química; a física orgânica, seja vegetal, seja animal, resta-lhe, para terminar o sistema das ciências da observação, fundar a *física social* (COMTE, 2005, p. 29).

Desse modo, Comte procurava colocar a sociologia, a física social, no mesmo patamar das outras ciências como matemática, astronomia, física, química e biologia. A sociologia complementaria e conformaria um sistema com essas ciências, com a vantagem e a função de propor reformas práticas nas instituições que compõem a sociedade na busca por uma reorganização do complexo social.

A ideia de Comte era estabelecer uma nova ordem, pois ele considerava que a Revolução Francesa destruiu as instituições sociais e políticas que compunham o mundo europeu, trazendo desordem e o caos. Comte quer dizer que a Revolução Francesa, embora necessária, não trouxe nenhuma proposta de como organizar a sociedade como um todo após a destituição do Antigo Regime e da crescente industrialização que estava acontecendo não só em seu país como em seus vizinhos.

Comte era, na realidade, um conservador. Todavia, sabia que após as duas revoluções a ordem anterior não seria restabelecida, não fazia mais sentido. Restava traçar novos rumos para a vida social, baseados no progresso e na ordem. Para isso, acreditava que a sociologia deveria basear-se no que ele chamava de as *leis imutáveis* da vida social, "abstendo-se de qualquer consideração crítica, eliminando também qualquer discussão sobre a realidade existente, deixando de abordar, por exemplo, a questão da igualdade, da justiça, da liberdade", como nos lembra o sociólogo Carlos B. Martins (1993).

A sociologia de Auguste Comte teve seu impacto e influenciou a época marcada por uma fé quase inabalável na ciência e no progresso. Essas convicções seriam abaladas pelas convulsões sociais e pelas grandes guerras que se seguiriam. O positivismo perderá seu potencial explicativo, diante da perplexidade, da insatisfação e do desejo de transformação próprios da virada do século XIX para o século XX, rica em progresso técnico e mudanças sociais.

1.4 Positivismo na educação

As ideias de Auguste Comte foram muito importantes para um modelo tradicional de educação centrada na autoridade do professor, considerado a fonte de todo o saber para o educando. Seu caráter conservador foi muito importante para as sociedades, como a brasileira, que sofriam grandes transformações e nas quais se considerava necessário conter a comoção social vinda dos operários, dos anarquistas e socialistas.

Tentando construir uma nação recém-saída de séculos de escravidão, ainda sob o peso de uma monarquia que se arrastou durante o século XIX mantendo o sistema agrário como dominante e as massas recém-incluídas nos direitos civis a partir da Constituição de 1891, as elites brasileiras consideravam o positivismo a via de acesso à modernidade. Para isso, o positivismo foi uma força ideológica importante para justificar os meios autoritários de governo e subordinação dos cidadãos.

Um exemplo do modelo positivista de educação no Brasil no início da República foi a implantação dos grupos escolares que eram norteados pelos ideais da racionalidade científica.

Vamos recapitular?

O crescente peso da vida urbana em comparação à rural e as Revoluções Francesa e Industrial dos séculos XVIII e XIX formam o pano de fundo das transformações em curso dessa época, tendo como consequência a crescente divisão social e técnica do trabalho e a fragmentação da ciência e do saber no mundo das especialidades.

Obviamente, tais mudanças promovem um impacto em todo o quadro de vida humano. Com o advento das democracias burguesas, vem abaixo a origem divina do poder monárquico que justificava a ordem dinástica de reis e rainhas. A sociedade, tampouco, é vista mais como um tecido homogêneo dividido em duas categorias: nobres e plebeus. Descobre-se dividida em diversas classes sociais, com interesses por vezes antagônicos, fonte de conflitos, lutas e revoluções, numa trama complexa. A economia assiste ao declínio dos artesãos, e, com a passagem das manufaturas à grande indústria, uma nova classe social entra em cena: o proletariado urbano.

Neste capítulo tivemos uma introdução ao positivismo de Auguste Comte, primeira tentativa de fundar um pensamento que pudesse analisar os fenômenos sociais. A Física Social de Comte, precursora da sociologia, procurava alinhar as pesquisas e interpretações sobre a sociedade com os modelos de explicação das ciências naturais. O positivismo se caracterizou pela busca da objetividade, neutralidade e racionalidade científica, e teve grande impacto na educação.

Como vimos neste capítulo, o positivismo influenciou a forma de organização social e política nos primeiros anos da República brasileira, inspirando a criação dos grupos escolares sob o ideal da racionalidade científica.

Agora é com você!

1) O que marca o início dos estudos sobre a sociedade? Justifique sua resposta.
2) Os estudos sociológicos eram inicialmente denominados de "Física Social". Que sentido tinha essa denominação?
3) O que foi o positivismo?
4) A criação da guilhotina, cerca de cem anos antes do surgimento do positivismo, foi um exemplo de desenvolvimento técnico. Recupere e analise os argumentos utilizados para justificar a sua utilização e porque não são mais utilizados na atualidade.
5) Como é possível compreender a inserção do ideal positivista "ordem e progresso" na bandeira brasileira?
6) A imagem a seguir se refere a uma paralisação de trabalhadores franceses no início do século XX. Relacione essa imagem com o conteúdo deste capítulo.

Usina Beaulieu durante a greve

A gendarmaria ocupa a usina 9 de maio de 1905

Jean Gael Barbara/Wikimedia Commons

Educação, Sociedade e Trabalho

O Pensar Sociológico: Durkheim, Weber e Marx

Para começar

Continuando nesta abordagem inicial sobre a sociologia que nos fará compreender a origem e o alcance da sociologia da educação enquanto campo de estudo sobre as relações entre sociedade, educação e trabalho, este capítulo tratará de autores que são considerados os clássicos da sociologia e que se converteram em grandes matrizes teóricas para a compreensão da realidade social. Suas obras e reflexões são largamente utilizadas até os dias atuais para a análise dos fenômenos socioeducativos.

2.1 Desenvolvendo o pensar sociológico: Durkheim, Weber e Marx

Três nomes se destacam como clássicos da Sociologia: o francês Émile Durkheim e os alemães Max Weber e Karl Marx. Todo o desenrolar dos estudos sobre a sociedade tem certa dívida com as bases propostas por esses três autores. Eles criaram os primeiros conceitos mais elaborados para tentar entender o funcionamento da sociedade, nas suas micro e macrorrelações, cada qual ao seu modo.

Suas contribuições influenciaram, e influenciam até os dias atuais, as pesquisas e discussões sobre o social. A qualificação de clássicos da sociologia e o foco nos três aqui não significam que não existiram outros autores importantes, como por exemplo Gabriel Tarde e Georg Simmel, para citar somente dois, que acabaram também sendo fundamentais para outros estudiosos contemporâneos interessados na dinâmica social. Porém, como texto introdutório à Sociologia, cabe ressaltar apenas esses nomes, que são incontornáveis.

O curioso é que dois deles, Durkheim e Weber, participaram ativamente da construção da Sociologia como disciplina, como campo de conhecimento a ser criado, algo que nem se discute. Marx, por sua vez, não pode ser rotulado apenas como sociólogo, pois sua obra tem inúmeras entradas, como a economia política, a filosofia, a própria sociologia. E não para por aí, pois ele influenciou outras áreas como a geografia, o direito, a psicologia, a antropologia, entre outras.

Se Durkheim e Weber se preocuparam mais em como entender a formação e o funcionamento social, Marx foi além e propôs uma ação direta e política na sociedade, como veremos.

Todos eles buscaram suas explicações para a compreensão da vida social, criando conceitos e métodos para pensar a sociedade, como veremos a seguir.

Amplie seus conhecimentos

Jean-Gabriel de Tarde (1843–1904)

Nascido em Sarlat, França, de uma família nobre, tornou-se bacharel em Letras na sua terra natal e depois em Direito em Toulouse e Paris. Jurista de formação, atuou como juiz de instrução entre 1875 e 1894, quando publicou vários estudos contestando as concepções filosóficas do criminologista italiano Cesare Lombroso e da escola italiana de criminalística. Envolveu-se em uma polêmica com Durkheim a respeito dos conceitos deste último de normal e patológico nas sociedades. Sua obra mais conhecida, *As leis da imitação,* volta-se para a Sociologia, propondo uma visão pluralista das relações existentes entre indivíduos e grupos sociais. Tarde via na imitação um traço constante do fato social. Para ele, imitação é a base da inovação, pois a invenção se forma a partir de uma série circular de três termos: repetição, oposição e adaptação. Nessa série, a oposição pode diminuir ou mesmo ser anulada por sua própria expansão; é quando aparecem os primeiros traços de invenção. As ações dos indivíduos têm seu valor para Tarde, que sustenta sua sociologia a partir da subjetividade, na relação entre emoção e sociedade. Em seus últimos anos, já no Collège de France, em 1900, publica trabalhos sobre a loucura, a conversão, o rumor, o que o transforma em um dos precursores das sociologias da interação. Aprenda mais em: <http://www.scielo.br/scielo.php?pid=S0102-69092004000200012&script=sci_arttext>.

Georg Simmel (1858–1918)

Filósofo e sociólogo nascido em Berlim, morreu em Estrasburgo. Georg Simmel era plural e interdisciplinar, escreveu sobre diversos temas como o dinheiro, arte, moda, cidade, entre outros. Simmel analisa a sociedade moderna a partir do dinheiro, considerando-o um fato social total. A vida urbana era para Simmel sempre fonte para suas pesquisas. Foi um dos precursores nesse tipo de estudo. Ele construiu a chamada "sociologia formal", que partia do princípio de que para estudar uma realidade incompreensível, pois complexa e com múltiplas ações individuais, é necessário apoiar-se em modelos ou construções mentais que apresentem "formas" mais simplificadas (não simplistas) para compreender a realidade social e que funcionem como conectores sociais, o *lien social*, como é o caso da "forma" dinheiro. Em meio à multidão de situações sociais, o dinheiro, por exemplo, é aquele que estabelece a relação de trocas monetárias na sociedade e cria interdependência entre os indivíduos, processo que tende para o aumento do individualismo.

Para ler mais sobre este assunto, acesse: <http://pt.scribd.com/doc/59449280/Georg-Simmel-e-Max-Weber-vida-e-obra-dos-sociologos>.

2.1.1 Durkheim: os fatos sociais

Émile Durkheim (1858-1917) foi e é, sem dúvida, um autor com mais impacto na Sociologia do que Comte. Apesar de partir de alguns pontos da teoria positivista de Comte, Durkheim acreditava que ele não tinha completado o que propunha nos seus estudos sobre a sociedade. Para Durkheim, Comte ainda era muito vago em algumas questões, e, principalmente, não conseguiu elaborar as bases concretas para o caráter científico do estudo da sociedade de que tanto falara.

Para Durkheim existia uma diferença fundamental da sua teoria em relação aos seus predecessores positivistas. A Sociologia deveria levar a premissa das ciências com rigor, partir dos fatos da realidade, da observação e da experimentação, fugindo das pré-noções ou dos pré-conceitos, para posteriormente induzir as conclusões gerais. Não o contrário, partir de uma visão macro, das generalidades, e deduzir racionalmente os casos particulares. Uma ciência "positiva" para Durkheim teria que partir dos fatos, dos dados factíveis, mensuráveis e comprováveis.

Por isso ele dizia que era fundamental que os "fatos sociais" fossem tratados "como *coisas*", o que não significa dizer que eles *são coisas*. Tratar os fatos sociais como coisas significa que, assim como um físico, um químico ou um biólogo trata seu objeto de estudo ou fenômenos da natureza como "coisa" em suas pesquisas e experimentos, assim deve fazer um estudioso da sociedade. Essa atenção especial de Durkheim em delimitar ao máximo o campo da sociologia, dando-lhe um caráter científico de fato, com regras a serem seguidas, é compreensível, pois a sociologia nem existia enquanto disciplina nas universidades ainda. Tratava-se de delinear o campo, de estabelecer as áreas de atuação, as regras e seus limites, até para a própria profissionalização da sociologia. Tanto que um de seus livros mais conhecidos tinha justamente o título de *As regras do método sociológico*.

Nesse livro, Durkheim dirá que a verdadeira e única preocupação de um sociólogo são os fatos sociais. Mas, fato social não é uma simples notícia no jornal, na internet ou na coluna social de alguma revista. Os indivíduos comem, bebem, correm, dormem, raciocinam e exercem outras atividades diversas. Mas Durkheim alerta que esses não são fatos sociais, pois se o fossem a sociologia não teria um objeto próprio, pois ele seria confundido com o da biologia ou o da psicologia, por exemplo.

Fatos sociais, na definição do sociólogo francês, são maneiras de agir, pensar ou sentir que são externas aos indivíduos. Eles são gerais e têm poder coercitivo. Mas, o que significam essas três características dos fatos sociais: exterioridade, generalidade e coerção?

Sobre a exterioridade, Durkheim dá o seguinte exemplo:

> Quando desempenho minha tarefa de irmão, de marido ou de cidadão, quando executo compromissos que assumi, eu cumpro deveres que estão definidos, fora de mim e de meus atos, no direito e nos costumes. Ainda que eles estejam de acordo com meus sentimentos próprios e que eu sinta interiormente a realidade deles, esta não deixa de ser objetiva; pois não fui eu que os fiz, mas os recebi pela educação (DURKHEIM, 1999, p. 2).

O sociólogo está, com outras palavras, desviando o foco do indivíduo para o social, para a sociedade. As ações individuais não interessam enquanto objeto de estudo para o cientista social, pois elas são definidas externamente, são atitudes tomadas por algo que vem de fora, independentemente de sua vontade ou ação consciente. As regras sociais, as leis e costumes já existem quando o indivíduo nasce, foram feitos por outros, fora de sua vontade e querer, como é o caso da educação citada ou mesmo o da religião.

Não bastasse serem exteriores, os fatos sociais são exercidos por coerção, ou seja, os indivíduos agem, pensam e sentem "coagidos", de forma forçada, por imposição, eles querendo ou não. Durkheim exemplifica dizendo que, se tentamos violar as regras do direito, elas atuarão contra nós, impedindo a ação, se houver tempo, ou punindo se já for tarde demais. É como as regras de trânsito, do imposto de renda, cair ou não na malha fina e assim por diante. São as chamadas sanções legais, a coerção pela legislação.

Existem também as sanções espontâneas, aquelas que não estão previstas em lei, mas fazem parte da moral e dos costumes de um grupo ou de uma sociedade. Imagine-se chegando em um casamento vestido com roupa de mergulho... Os olhares de reprovação se essa ação se concretizasse ou a própria imaginação da cena são suficientes para coibir a ação. Às vezes, essa reprovação pode ser preconceituosa, quando, por exemplo, uma pessoa não escolarizada fala de maneira diferente da norma culta da língua e é ridicularizada. Portanto, muitas vezes, a intimidação social de um grupo pode ser mais violenta que a coerção via lei. Por isso, Durkheim refere-se à educação, num sentido amplo, formal ou informal, como algo fundamental na conformação dos indivíduos na sociedade, porque ela faz com que as regras sejam internalizadas nas pessoas, desde crianças, de tal forma que elas nem mais percebam que estão agindo de uma determinada maneira.

É interessante observar que a natureza coercitiva dos fatos sociais é muitas vezes negada pelas pessoas, pois elas têm a tendência a dizer que sempre estão agindo por vontade própria e não seguindo padrões, convenções, dogmas religiosos, sistemas financeiros. É porque, quando a coerção se dá de forma direta através de leis, de alguma reação da sociedade em relação à moral, aos costumes, às crenças e até à moda, é mais fácil perceber. Porém, quando ela é indireta, por exemplo, através do poder econômico, da publicidade, é mais difícil notar e aceitar.

A terceira propriedade do fato social é a generalidade. O fato social deve ser geral, repetir-se em todos os indivíduos, ou, ao menos, em um bom número deles. Também pode ocorrer em várias sociedades diferentes, em um determinado período ou por um tempo mais amplo. É nessa característica de generalidade que aparecem os acontecimentos coletivos, os costumes, os sentimentos comuns a determinados grupos, os valores e as crenças.

Com essa definição e delimitação do que é fato social, Durkheim pretendia separar os acontecimentos corriqueiros do cotidiano, individualizados, dos fatos sociais que seriam objeto de estudo. Em outras palavras, ele estava procurando por uma objetividade científica.

E o sociólogo profissional não poderia se envolver com seu objeto de estudo a partir de opiniões e sentimentos pessoais, mas com neutralidade, isolando o fato social por essas características, partindo de dados reais e prestando atenção aos acontecimentos mais gerais e repetitivos. Daí o peso das ciências estatísticas para as ciências sociais positivistas.

O exemplo mais conhecido de fato social em Durkheim, sobre o qual ele fez uma extensa pesquisa, é o suicídio. Mesmo que no limite se trate de uma ação individual, o suicídio pode ser medido por estatísticas, pela sua regularidade, acontece em praticamente todos os tipos de sociedade, com taxas constantes de ano a ano ou variáveis conforme um determinado período histórico. Não poucas vezes, o suicídio é cometido por influências sociais externas ao indivíduo, as quais o levam a cometer o ato. Durkheim partiu de dados oficiais e sua recorrência em diferentes lugares e cenários para chegar a essa conclusão. O que o interessava não eram os suicídios solitários, egoístas, mas o fenômeno suicídio na sociedade como um todo.

2.1.2 Weber: da ação social ao tipo ideal

Em outro país, na Alemanha, um estudioso também estava interessado nas transformações sociais que aconteciam em seu país e na Europa em geral: Max Weber (1864-1920).

De início é preciso observar que o fato de Max Weber viver a realidade alemã trouxe certa participação em seu modo de ver as relações sociais, assim como para outros autores de mesma origem.

Na França, como vimos, as ciências naturais tiveram grande influência no pensamento positivista de Comte e Durkheim, mais voltado para o processo universal da evolução humana e estudado por meio de um método comparativo, independentemente de tempo e lugar, como o caso do suicídio. A história particular, a do indivíduo, não tinha tanto peso nas análises de Durkheim, com o foco mais na sociedade, pois os fatos sociais eram exteriores aos indivíduos, coercitivos e gerais, como vimos.

Do lado alemão, tínhamos outras influências filosóficas desenvolvidas, principalmente no início do século XIX, além do peso maior dado para a história e a antropologia. Nesse caso, os pensadores alemães tendiam a valorizar o processo histórico nas suas particularidades, eram mais idealistas e voltados para a diversidade por meio de um método compreensivo, por um esforço interpretativo do passado e das relações com a atualidade. Assim, a ênfase caía sobre os atores sociais, os indivíduos e suas ações.

Weber se afasta da ideia de "coerção". Ele não vê oposição entre o indivíduo (agente social) e a sociedade. Cada sujeito realiza uma ação ou outra na sociedade por algum motivo que é dado pela tradição, por interesses racionais, ou pela própria emotividade. Portanto, o ponto de partida sociológico para Weber, diferentemente de Durkheim, não está no coletivo, em instituições ou grupos sociais específicos, mas sim no indivíduo que age, que promove uma ação social, com um sentido definido. Mas, claro, Weber não nega a importância das instituições e dos acontecimentos sociais, apenas está mais interessado na ação dos indivíduos ao participarem do Estado, de uma empresa, na escola, ou quaisquer outras instituições, ou ao se relacionarem uns com os outros no dia a dia.

Desse modo, se para Durkheim o fato social é o motivo principal da preocupação daqueles interessados em estudar as relações sociais, para Weber o objeto de observação científica é a ação social e o seu sentido.

E, assim como uma notícia na televisão ou em uma revista sobre uma celebridade qualquer, por exemplo, não é um fato social, como visto anteriormente, também essa mesma celebridade ser vista atravessando a rua não configura uma ação social.

É porque nem todo tipo de contato entre as pessoas se revela como social, mas somente quando esse contato tem um *sentido* em relação ao comportamento do *outro*. O exemplo que Weber nos dá é o seguinte:

> Um choque entre dois ciclistas, por exemplo, é um simples acontecimento do mesmo caráter de um fenômeno natural. Ao contrário, já constituiriam "ações sociais" as tentativas de desvio de ambos e o xingamento ou a pancadaria ou a discussão pacífica após o choque (WEBER, 2000, p. 14).

Portanto, para Weber, a ação social é qualquer ação que o indivíduo faz em resposta ou reação ao comportamento de outros indivíduos, seja passado, presente ou mesmo futuro previsto (vingança, por exemplo), o que significa que há um sentido, uma intenção, uma motivação na ação. Desvendar o sentido da ação é a tarefa do cientista social.

Segundo Weber, essas ações sociais podem ser divididas e determinadas da seguinte forma:

» racional referente aos fins: a ação se desenvolve de forma racional e ponderada em função das expectativas quanto ao objeto do mundo exterior e de outros indivíduos. Exemplos: sucesso, criação de uma empresa. O mais importante é o fim, e para atingi-lo usam-se meios e condições racionais adequados e necessários. A racionalidade econômica na ação do capitalista é um exemplo típico. O cálculo é um elemento importante nesse caso;

» racional referente aos valores: a ação se desenrola racionalmente também, mas de acordo com a crença em princípios e valores, sejam éticos, estéticos, religiosos ou morais. Portanto, o fim já é um valor importante dado, não a ser alcançado, o qual guiará toda a ação. Exemplos: posicionamento a favor ou contra o aborto por questões religiosas; realização de trabalho voluntário; não se alimentar com carne em determinado período, entre outros.

» de modo afetivo: ações executadas por emoções ou afetos atuais, os estados sentimentais que fogem à racionalidade, muitas vezes, significam não pensar nas consequências. Exemplos: crises passionais, entusiasmo, desespero, torcer por determinado time de futebol.

» de modo tradicional: agir pelo costume arraigado, pelo hábito, porque "sempre foi assim". É próximo ao modo afetivo e ao racional por valores. Exemplos: presentear no Natal; batizado da criança mesmo não sendo um religioso praticante, entre outros.

Essa classificação não é completa, como o próprio Weber reconhece. Assim, é possível percebermos a complexidade das ações sociais e que entender o sentido delas não é uma tarefa das mais simples.

Fique de olho!

A ação raramente se dá apenas racional ou emocionalmente. Pode haver mais de uma trabalhando ao mesmo tempo. Desmatar as florestas para satisfazer uma economia baseada no consumo e na obsolescência pode parecer extremamente irracional, no entanto, do ponto de vista do mercado, essa destruição pode tornar-se racional com a elaboração de ações que prometem protegê-la ou levar o desenvolvimento a determinadas regiões. Matar milhões de pessoas como nas câmaras de gás em Auschwitz aparece como algo horrível, irracional, no entanto, porém a maneira como essas mortes foram realizadas baseava-se estritamente na racionalidade, pois era necessário saber como dar conta de tantos corpos. Presentear os entes queridos em determinadas datas pode ser algo afetivo, porém pode ser fruto, também, de uma estratégia de publicidade devidamente dirigida para um determinado produto.

Outro ponto importante é que Weber diferencia ação social de relação social. Para que exista uma relação social é preciso que o sentido da ação social seja compartilhado. Se na rua encontramos uma pessoa e perguntamos onde fica determinado endereço, não estamos compartilhando do mesmo sentido, não há uma relação social propriamente dita. Já o convívio regular entre funcionários de uma mesma seção em uma fábrica ou a troca de experiências dentro de uma sala de aula entre alunos e professor responde ser caracterizado como relação social, pois há o compartilhamento do sentido, a produção de um determinado bem num caso e o ensino-aprendizagem no outro.

Dadas essa complexidade e sua preocupação com o sentido, com a motivação da ação social, Weber não aceitou as resoluções inspiradas nas ciências naturais, como era o caso da proposta dos positivistas. Ele não acreditava que os modelos da química, da física, da biologia serviriam para dar conta do processo social e das ações sociais. E Weber não considerava o cientista social alguém neutro, capaz de se afastar do seu objeto de estudo por completo, como sugeriam os positivistas. O cientista, social ou não, já é por definição um indivíduo em ação, sempre faz escolhas com alguma intenção.

No entanto, ainda assim, Weber também queria manter o caráter científico das suas investigações, mesmo sabendo que o resultado das investigações sempre será parcial. Era necessário criar outra metodologia, própria para as questões de cunho social. Weber conseguiu discutir com profundidade esse esforço compreensivo através da ciência, já que se produziu um desencantamento do mundo à medida que a intelectualização e a racionalização geral dissolveram a crença em poderes ocultos e imprevisíveis, tudo tendo que se submeter à racionalidade científica. Embora considerando a importância da metodologia científica, Weber conclui que a ciência moderna não trouxe grande satisfação e felicidade na medida em que coloca em questão as ideias que tradicionalmente deram sentido à existência humana.

O que garantirá a cientificidade do trabalho daquele que pretende estudar os fenômenos sociais será a capacidade de interpretação, de reflexão sobre os fatos da realidade. Trata-se de fundar uma ciência compreensiva. Na análise sociológica, deve prevalecer a categoria da compreensão da realidade, não somente os dados, os fatos isolados. Compreender, para Weber, significa entender o sentido e as conexões entre os sentidos das ações sociais. No fundo, a atuação do cientista é uma ação racional em relação aos fins, pois em sua análise ele procurará reconstruir o sentido das ações sociais para um determinado fim de pesquisa.

Para efetuar a interpretação das ações sociais e os seus sentidos, desenvolvimento e efeitos, Weber propôs um instrumento de análise a que denominou tipo ideal.

Tipo ideal é uma construção teórica abstrata criada a partir de casos particulares. É a elaboração de um modelo para um determinado fenômeno social, considerando os agentes e suas ações e sentidos. O fato de se denominar ideal não significa que é a busca por um modelo perfeito que exemplificará toda uma situação. Não é personalizado numa pessoa, como um político, um ativista, um economista, um empresário etc. mas, do conjunto desses agentes, incluindo o meio e as relações ali dentro existentes, pode-se extrair uma síntese ou uma abstração, que permitirá a análise de uma realidade observável.

O próprio Weber aplica esse conceito em um de seus livros mais importantes: *A ética protestante e o espírito do capitalismo*. O protestante aparece como um tipo ideal. Não se trata de um protestante específico, de uma figura proeminente do protestantismo.

É o próprio protestantismo e sua ética, a partir de dados de casos particulares dos protestantes, que permitem elaborar uma teoria sobre sua relação com o capitalismo ocidental. O método compreensivo com o recurso do tipo ideal permitiu ao sociólogo estabelecer essa relação.

Weber partiu de dados estatísticos que permitiam perceber que grandes homens de negócios, empresários de sucesso e grande parte da mão de obra qualificada eram adeptos da Reforma Protestante. Mas, somente a quantificação desses dados era insuficiente para entender o fenômeno; era preciso uma análise qualitativa do processo para compreender o todo e suas conexões.

Na ética da religião protestante calvinista, ou puritana, estava a vocação para o trabalho árduo, a poupança, a tendência educacional para o ensino especializado e para a ocupação fabril, optando por atividades que visavam diretamente ao lucro, privilegiando os estudos técnicos e o cálculo em relação aos estudos das humanidades. O que era próprio da vocação religiosa transportava-se para a vida cotidiana, numa conduta racionalizada para os moldes capitalistas. Era uma forma de controlar os impulsos irracionais e redirecioná-los para a atividade econômica racional. O que mobilizava as ações individuais dos sujeitos protestantes compunha-se de maneira harmônica ao espírito do capitalismo.

2.1.3 Marx: alienação, luta de classes e mais-valia

Karl Marx (1818-1883) foi certamente um dos pensadores mais influentes para o século XX e início deste século XXI. Vemos marcas de sua obra em diversas áreas do conhecimento: economia, política, filosofia, sociologia, psicanálise, entre outras. Muitos dos termos que ele criou para explicar a dinâmica social no capitalismo são usados cotidianamente.

Embora Marx, tal como Comte, Durkheim, e mesmo Weber posteriormente, estivesse interessado em pensar as mudanças sociais ocorridas após a Revolução Francesa e a Revolução Industrial, ele não tinha a intenção de apenas contribuir teoricamente para o desenvolvimento das ciências da sociedade, mas queria propor uma reforma efetiva e ampla da ordem política, econômica e social.

Para Marx não bastava ao intelectual ficar restrito ao ambiente acadêmico e científico, era preciso que ele fosse um militante, que tivesse uma vocação revolucionária. Ele era sensível às transformações que ocorriam na Europa e a seus efeitos devastadores nas classes menos favorecidas, às contradições no desenvolvimento do capitalismo com seus crescentes conflitos. Portanto, além de elaborar teorias e estudar cientificamente a sociedade, era necessário agir politicamente.

Para agir era necessário conhecer. Sua obra mais célebre é *O capital*, justamente aquela na qual ele procura entender e criticar o modo de produção capitalista em detalhes, elaborando uma série de conceitos como o da mais-valia e análises sobre salário, mercadoria, valor e acumulação primitiva.

O indivíduo, para Marx, não existe fora das relações sociais. Estas fazem parte da própria essência do ser humano, e, portanto, as formas de agir, sentir e se comportar sempre fazem parte do conjunto das relações sociais.

Marx propõe como método de análise das relações sociais uma perspectiva materialista da história. Nessa perspectiva, as relações sociais não se dão pelos valores humanos e subjetivos, mas pela forma como os homens trabalham e produzem para sua sobrevivência e sustentação material da sociedade como um todo. O modo de produção e seus aspectos econômicos, nesse caso, ganham grande relevância. Marx e Engels descrevem assim seu método:

> Este modo de produção não deve ser considerado só segundo o aspecto de ser a reprodução da existência física dos indivíduos. Ele já é uma maneira determinada de atividade desses indivíduos, uma maneira determinada de manifestar em sua vida, um modo de vida determinado. A forma como os indivíduos manifestam sua vida reflete muito exatamente aquilo que eles são. O que eles são coincide, portanto, com a sua produção, tanto com o que produzem quanto também com a forma como produzem. Portanto, o que os indivíduos são depende das condições materiais da sua produção (MARX & ENGELS, 2007, p. 87).

Portanto, o foco de Marx está no modo de produção. Mas, como lembra o sociólogo Gabriel Cohn, a atenção de Marx não está em produtos e mercadorias produzidas, tangíveis, porque o que o modo produz, na realidade, são relações sociais. É porque os produtos e as mercadorias já incorporaram relações sociais, ou seja, "o essencial é que está em jogo, não a mera produção, mas o modo como ela se organiza socialmente" (COHN, 2005, p. 10).

O modo de produção depende do desenvolvimento das forças produtivas (os meios de produção, tais como ferramentas, matéria-prima, máquinas, e a força de trabalho humano) e das relações de produção. Assim, é possível compreender porque Marx deu ênfase, em suas análises, à relação capital-trabalho. Por ser o trabalho uma das atividades fundamentais do ser humano, ele se tornou trabalho alienado no modo de produção capitalista.

Alienação é um conceito importante em Marx. O termo alienar, do latim *alienare*, pode ser entendido como fazer com que algo se torne alheio a alguém. No direito, alienar significa transferir um bem ou direito a alguém (um carro alienado, por exemplo). Na psicologia, se diz que um indivíduo é alienado quando se sente alheio a si próprio, como um estranho consigo mesmo e com os demais com quem convive. Na filosofia, Rousseau considerava que a ideia de privação, de falta ou exclusão também fazia parte da alienação. Outros filósofos, como Hegel e Feuerbach, acrescentaram que a alienação carregava um caráter desumanizador e injusto.

Marx, por sua vez, pensará a alienação em função das relações de produção. Para ele a propriedade privada, a divisão do trabalho, a indústria e o assalariamento alienavam ou separavam o trabalhador dos meios de produção e do fruto de seu trabalho, que retornava para o capitalista em forma de lucro. Em outras palavras, o produto não pertence mais a quem o produziu, e, muitas vezes, o trabalhador nem mesmo conhece o processo todo de produção.

O trabalho alienado, portanto, está ligado à divisão acentuada do trabalho, quando se dividem as tarefas ao máximo para economizar tempo e aumentar a produtividade. A organização do trabalho começou a ser fragmentada em linhas de montagem, chegando a métodos conhecidos como o taylorismo e o fordismo.

Uma vez alienados em seu trabalho, segundo Marx se estabelece uma situação de exploração dos proprietários sobre os não proprietários dos meios de produção, dos capitalistas sobre os proletários. O trabalho se torna embrutecido e marcado pelo desprazer, e mais ainda, o trabalhador não tem a oportunidade de desfrutar do resultado de seu próprio trabalho. Constrói um modelo de carro que jamais poderá adquirir com seu salário, e, não poucas vezes, ainda precisa suportar a propaganda intensa sobre o próprio resultado de seu trabalho sabendo que não estará em seu alcance de obtê-lo, por mais que trabalhe e receba seu salário.

A força de trabalho é vista por Marx como uma mercadoria, embora não seja uma mercadoria qualquer, como um eletrodoméstico, um carro, um computador, um *smartphone*. A diferença é que a força de trabalho é a única mercadoria capaz de gerar valor. Por mais que digamos a uma cadeira ou a um computador para inventar novas formas e se (re)produzirem, dificilmente veremos nascer um novo bem, uma nova mercadoria. A força de trabalho, ao contrário, pode partir do já criado e adicionar outras características, outras formas, outras funcionalidades não previstas. Portanto, vender a força de trabalho em troca de salário pode permitir ao empresário capitalista obter novos produtos que geram mais valor.

Temos, então, uma classe proprietária e outra não, com interesses opostos e complementares, a classe trabalhadora buscando maiores salários e direitos, enquanto a capitalista procura o máximo da exploração para aumentar seus lucros. Essa é uma situação que Marx denomina luta de classes. Embora os interesses sejam diferentes, ambas as classes são complementares. Marx radicaliza e chega a afirmar que a história da humanidade coincide com a luta de classes, ou seja, que ela é o próprio motor da história. No processo histórico de luta de classes, algumas práticas sociais e instituições contribuem para legitimar e mesmo esconder os interesses da classe dominante que norteiam as diretrizes da sociedade. A isso Marx deu o nome ideologia, ou seja, é produzida uma distorção que oculta as contradições sociais por meio de justificativas e crenças que fazem a sociedade ilusoriamente parecer homogênea.

Resta ainda entender como se dá mais de perto essa exploração, pois não é na compra e na venda de mercadorias que se dá a maior parte do lucro, como se costuma pensar, mas sim no próprio processo de produção. Foi nesse sentido que Marx elaborou seu conceito de mais-valia.

Mais valia é a diferença entre a quantidade de valor acrescentado pelo trabalhador à mercadoria inicial e o valor da força de trabalho socialmente necessária para sua produção. Digamos que um trabalhador precisa de uma quantidade de tempo para produzir um determinado produto, uma cadeira, por exemplo. Ele receberá um salário para esse trabalho. O valor dessa cadeira será composto pelos meios de produção necessários para sua fabricação mais esse salário. No entanto, considerando que o trabalhador faz uma jornada de trabalho de 9 horas, ele produzirá pelo menos três cadeiras. Os meios de produção serão multiplicados por três, ao passo que o salário restará o mesmo. Portanto, essa diferença, esse excedente, obtido a partir do salário ficará para o empresário e não retornará mais para o empregado, é incorporado ao preço do produto. Esse valor excedente é que Marx chama de mais-valia.

Se aumentarmos a jornada de trabalho para 12 horas, serão produzidas quatro cadeiras e o salário continuará o mesmo, aumentando ainda mais o valor da mais-valia, do lucro. Ao ampliar a jornada constantemente com esse fim, se obtém o que Marx definiu como mais-valia absoluta.

Todavia, além das condições físicas do trabalhador, o próprio dia tem um limite de 24 horas, impossível de alterar, mesmo que se façam diversos turnos. É nesse momento que entra a tecnologia, a mecanização da produção via maquinaria. As máquinas farão com que a produtividade aumente ao mesmo tempo em que a força de trabalho se desvalorize. Esse processo Marx chama de mais-valia relativa.

Nas palavras de Marx, "a produção de mais-valia absoluta gira exclusivamente em torno da duração da jornada de trabalho; a produção de mais-valia relativa revoluciona totalmente os processos técnicos do trabalho e as combinações sociais" (MARX, 2002, p. 578).

Vamos recapitular?

Como vimos no capítulo anterior, o modelo das ciências naturais para compreender a dinâmica social acabou sendo utilizado para justificar as contradições e mesmo para negar a necessidade de transformação social. O desenvolvimento do pensar sociológico, como vimos, tem algumas características próprias: ele procura ver tanto os movimentos na sociedade, nas suas menores relações, quanto o movimento da sociedade, em seu contexto macro e histórico.

Continuando em bases diferentes o trabalho iniciado por Auguste Comte, outros pensadores começam a elaborar conceitos e métodos para o estudo desse movimento da sociedade, dessas modificações que ocorriam de forma acelerada e que repercutem até nossos dias.

Vimos os principais deles e alguns de seus conceitos básicos: Durkheim (fatos sociais), Weber (ação social e tipo ideal) e Marx (luta de classe, alienação e mais-valia). Cada qual à sua maneira contribuiu para um melhor entendimento dos fenômenos sociais e influenciou gerações posteriores de estudiosos.

Agora é com você!

1) Quais foram as críticas de Durkheim ao pensamento de seu predecessor Auguste Comte?

2) Faça um quadro-síntese apresentando os teóricos da sociologia e suas principais ideias quanto à sociologia.

3) Um estudo sociológico importante de Weber foi a correlação que fez entre protestantismo e capitalismo. Explique o método e os resultados da sua pesquisa.

4) Estudar as relações sociais é, em grande parte, entender as relações entre os indivíduos e a sociedade. Durkheim, Weber e Marx têm concepções diferentes sobre as relações entre indivíduos e sociedade. Demonstre essas diferenças.

5) Um dos maiores desafios dos sociólogos é compreender as motivações das ações humanas. Como Weber tentou compreender essas motivações?

6) Quais os limites da classificação criada por Weber para compreender as ações sociais?

3

Introdução às Ciências da Educação

Para começar

Este capítulo tem por objetivo definir os conceitos básicos pertinentes à pedagogia e às ciências da educação para que você compreenda a origem e o significado dos estudos em sociologia da educação no contexto da história da pedagogia, da ciência e da tecnologia.

3.1 Princípio da pedagogia

O início do conhecimento dedicado à educação pode ser datado da antiguidade grega. O sistema educacional grego era conhecido como *Paideia,* e propunha incluir na formação do estudante temas como ginástica, matemática, geografia, filosofia, música, entre outros, com o objetivo de discutir questões sociais, econômicas, políticas e culturais. É na *Paideia* grega que surgem muitos dos ideais até hoje fundamentais para a formação do indivíduo.

Em Atenas, na Grécia nos séculos V a VI a.C., a *Paideia* surgiu como uma crítica em relação ao saber religioso, procurando se aproximar do desenvolvimento técnico-científico, exaltando a dimensão do homem livre que buscava a autonomia no uso da sua racionalidade. É assim que se inicia a formação do cidadão. Nesse sentido, a *Paideia* grega é essencialmente política, visando ao bem comum e a vida na cidade.

A *Paideia* é uma educação marcada pela palavra e pela escrita, pelo princípio do Belo e do Bem, e que visava "[…] cultivar os aspectos mais próprios do humano em cada indivíduo, elevando-o a uma condição de excelência, que todavia, não se possui por natureza, mas se adquire pelo estudo e pelo empenho" (CAMBI, 1999, p. 86).

> **Amplie seus conhecimentos**
>
> No *Dicionário Informal da Língua Portuguesa* é apresentada a origem da palavra *Paideia*, que vem do grego "*paidós*" que quer dizer "criança". Segundo esse dicionário, era a palavra que os gregos utilizavam para se referir à formação ou à educação do cidadão, visando a melhorá-lo, de acordo com um programa elaborado pela cidade-estado e voltado para a inserção da criança nesse sistema. Da palavra *Paideia* se originou a palavra pedagogia em português.
>
> Para aprender mais acesse: <http://www.nossalinguaportuguesa.com.br/>.

3.2 *Paideia* e Pedagogia

Embora a *Paideia* seja uma inspiração sempre presente nas teorias e práticas educacionais, não é possível afirmar que com os gregos surgiu a pedagogia exatamente como a entendemos hoje.

O pedagogo na Grécia Antiga, ao conduzir a criança para a escola, não só a levava no sentido físico, de transportá-la para outro lugar. Sua responsabilidade era ainda maior:

> [...] o pedagogo devia escolher as disciplinas a serem ensinadas à criança (esgrima ou matemática? natação ou poesia?), assim como os preceptores encarregados de ensinar. Na realidade, de acordo com seus mestres, ele decidia o tipo de homem que se queria formar, o equilíbrio dos saberes que deveriam ser ensinados, bem como os métodos e pessoas que lhe convinham melhor (Mieirieu, 2014, p. 1).

A palavra "pedagogia", do grego antigo "*paidagogós*", se referia à ação do escravo que conduzia as crianças para a escola. Não vamos esquecer que o conceito de *Paideia* não se aplicaria hoje à noção de educação para todos, pois o contexto era de uma sociedade escravocrata na qual os escravos e mulheres eram destituídos de direitos civis. Ou seja, a pedagogia grega não pode ser simplesmente alinhada ao que hoje se chama pedagogia, embora muitos princípios sejam comuns, como é o caso do esforço de construção da cidadania e da democracia.

Havia, também, uma relação entre a política e a educação na Grécia, que era bem evidente em muitos aspectos. Por exemplo: como se sabe, a democracia era o regime político de Atenas, e, no entanto, o filósofo grego Sócrates foi condenado à morte justamente por ser acusado de perverter os jovens através de críticas à democracia ateniense (Figura 3.1).

Figura 3.1 – Sócrates com os discípulos antes de morrer.

> **Fique de olho!**
>
> O advento da civilização acompanhou o surgimento e o desenvolvimento da escravidão. A escravidão pressupõe uma desigualdade entre os homens que, no mundo antigo, muitas vezes foi atribuída a diferenças de ordem física e biológica. Sem o escravo não existe o senhor e vice-versa. A condição de senhor, nas primeiras civilizações, não poderia existir sem a figura do escravo.
>
> As civilizações desenvolveram diversos tipos de escravidão. No mundo greco-romano, a escravidão era do tipo patriarcal. O filósofo grego Aristóteles comparava escravo e mulher por serem equivalentes na hierarquia social. Mais tarde, na escravidão moderna, o escravo passa a ser visto como escravo-mercadoria, propriedade de um senhor, privado de qualquer direito, mesmo de alma, podendo ser vendido, alugado e leiloado.

Os estudos sobre educação que vão ser incorporados à sociologia, à história e à psicologia da educação surgiram com o mundo moderno. Em 1690, no conhecido *Dicionário Universal* de Antoine Furetière, educar é definido como alimentar crianças e cultivar o seu espírito pela ciência ou pelos costumes.

Esse período ainda não é o das escolas que serão disseminadas entre os séculos XVIII e XIX em alguns lugares e para determinados grupos sociais, que deram origem à escola como a entendemos hoje. No século XVII, a escola como um lugar para todos ainda não existia, a formação das crianças era feita principalmente pelo preceptor, ou seja, uma pessoa responsável pela educação geral, próximo ao que entendemos como um tutor. As primeiras escolas oficiais para crianças indígenas no Brasil, por exemplo, datam do começo do século XX, embora os padres jesuítas tenham iniciado esse esforço desde o início da colonização, no século XVI.

A escola é uma invenção de uma sociedade organizada a partir dos direitos dos cidadãos. No século XVI, importantes pensadores como o filósofo francês Montaigne, o teólogo e humanista holandês Erasmo de Roterdã e o escritor, também francês, Antoine Furetière mencionam a educação como algo que precisa estar para além da família, mas quase sempre aliada ao trabalho de um preceptor que atende, individualmente, a criança da elite.

> **Amplie seus conhecimentos**
>
> O *Dicionário Universal* de Furetière é sobre a vida cotidiana e procura apresentar a diversidade dos conhecimentos artísticos e científicos. O objetivo do dicionário foi registrar o avanço do conhecimento da época.
>
> Aprenda mais sobre esse assunto em: <http://clp.dlc.ua.pt/Publicacoes/traducao_discurso_enciclopedico.pdf>.

As primeiras escolas, os jardins da infância, tinham mesmo esse objetivo de "cultivar" a criança que precisava adquirir hábitos de civilidade como o sentar-se corretamente à mesa, dirigir-se adequadamente às pessoas, evitar constrangimentos aos adultos.

É evidente que a ideia de jardim da infância, embora ainda persista na nossa linguagem cotidiana, mudou muito de lá para cá.

3.3 A Pedagogia e as ciências da educação

Historicamente, a Pedagogia foi tratada ora como arte, ora como metodologia, com enfoque ora na atuação docente, ora no estudo do fenômeno educativo na sua complexidade e amplitude.

A pedagogia, como a conhecemos, é uma área do conhecimento que vai iniciar suas bases teóricas no começo do que se entende por mundo moderno e que vai se solidificar enquanto saber científico a partir do século XIX. Pode-se dizer que o século XIX é o século da Pedagogia. É o século

Introdução às Ciências da Educação

da Segunda Revolução Industrial, da produção em massa de mercadorias e padrões culturais. Teóricos da pedagogia, procurando se basear no pensamento científico, defendem uma educação para o consenso social ou mesmo para a revolução. Assim, aparecem uma pedagogia proletária e uma pedagogia socialista, ambas buscando fundamentos racionais e científicos, seja para a adaptação ou para a emancipação dos indivíduos e das coletividades.

Os diferentes projetos educativos alinhados com os diferentes projetos de sociedade fazem da escola um espaço fundamental de construção do indivíduo que se quer ter.

Quando mencionamos a aproximação entre *Paideia* e Pedagogia, estamos ao mesmo tempo destacando a filosofia como condutora importante dessa aproximação. Ao longo do século XIX, se desenvolveu a pedagogia científica e experimental que coloca os saberes sobre a educação em contato direto com a biologia, a fisiologia, a antropologia, a psicologia e também com a sociologia e a etnologia.

Fique de olho!

É importante resgatar os seus conhecimentos sobre o processo de industrialização surgido no século XVIII. Esse processo contínuo recebeu o nome de Revolução Industrial e aconteceu de diferentes formas em diferentes países. Quando falamos em Primeira Revolução Industrial estamos mencionando o desenvolvimento das forças produtivas e a mudança nas relações de trabalho na Inglaterra, aproximadamente na metade do século XVIII, que teve como um dos principais acontecimentos a invenção da máquina a vapor e sua aplicação na indústria têxtil. A Segunda Revolução Industrial, no século XIX, foi um processo mais amplo, tanto geograficamente quanto no avanço tecnológico dela decorrente.

As cidades passaram a se desenvolver num ritmo acelerado, havendo um incremento nos transportes, com o surgimento do trem e do avião. Os meios de comunicação de massa começam a dar seus primeiros passos, com o surgimento da fotografia e do cinema. É o período que desembocará na Primeira Guerra Mundial, que ocorreu em razão das próprias contradições do desenvolvimento econômico e da expansão econômica e geográfica do capitalismo. O Brasil vai se desenvolver industrialmente a partir desse período, e os anos 1930 foram fundamentais para um aprofundamento da organização do Estado, da escola, das relações de trabalho e do desenvolvimento econômico no país.

Não se pode esquecer que as revoluções industriais estão associadas às Grandes Guerras. A partir da Segunda Guerra Mundial, as sociedades industrializadas passaram a estimular o que conhecemos como Terceira Revolução Industrial, caracterizada pelos modos tecnocientíficos de produzir e consumir conhecimentos e mercadorias. A Terceira Revolução Industrial gerará o que atualmente chamamos de Era Digital ou Sociedade da Informação. Compreender o processo de escolarização ao longo dessas revoluções significa sim estudar a escola, mas também conhecer a própria sociedade que a produz e a sustenta.

Ao estudarmos o pensamento científico do século XIX, podemos encontrar os ideais positivistas de ordem e de progresso (aliás, presentes em nossa bandeira brasileira), o darwinismo social e uma experimentação científica que sonhou em conhecer a realidade das coisas através das evidências, dos fatos e da exclusão do erro.

Amplie seus conhecimentos

Desde que foi formulada, em 1859, quando o naturalista britânico Charles Robert Darwin publicou *A origem das espécies*, a Teoria da Evolução colocou em discussão a teoria criacionista do mundo e do homem. O darwinismo, como foi chamada a teoria de Darwin, teve influência nas ciências humanas, que, adotando os modelos de explicação das ciências naturais, resolveram aplicar o conceito de seleção natural às desigualdades sociais, antes explicadas pelas religiões. A essa tentativa de naturalização dos problemas da sociedade que foram se agravando ao longo da história deu-se o nome, no século XIX, darwinismo social. Essa adaptação da teoria de Darwin teve um forte apelo ideológico, legitimando e explicando, nos termos científicos da época, o domínio europeu sobre outros continentes.

Aprenda mais sobre darwinismo em: <http://www.mundoeducacao.com/historiageral/darwinismo-social-imperialismo-no-seculo-xix.htm>.

Tudo na educação, nesse período, precisava ser fundamentado cientificamente, incluindo outras áreas do conhecimento que estão também buscando a sua cientificidade: a história, a psicologia e a sociologia. A expectativa era a formação de um saber plural e aberto. É essa expectativa que originará o que hoje entendemos como as ciências da educação. Estas fazem parte da própria evolução da pedagogia, que saiu do domínio quase completo dos filósofos moralistas para a análise baseada nos princípios da cientificidade.

As ciências da educação nascem com o desenvolvimento da técnica e da necessidade de se formar indivíduos capazes de lidar com os desafios e inovações sociais, culturais e técnicas. Torna-se necessário, portanto, um novo modelo pedagógico, um novo tipo de saber inspirado na experimentação do real pelos sentidos, no empirismo, na abertura constante para a resolução de problemas e para seu próprio desenvolvimento. Esse novo modelo, esse novo tipo de saber, acontece por conta da passagem da pedagogia às ciências da educação (CAMBI, 1996).

É como se a pedagogia como saber unitário e área específica do conhecimento abrisse seus estudos para algumas ciências auxiliares que não apenas a complementaram, mas mudaram o seu sentido e fundamentação. O indivíduo que aprende e que se forma e é formado está num contexto social, precisa dominar determinadas estratégias de sobrevivência no espaço em que está inserido. A educação para ser entendida precisa ser vista como um quebra-cabeça que, antes, somente o saber filosófico se encarregava de montar, sem limitações.

As ciências da educação passam a garantir para a pedagogia a compreensão sobre o que há de mais específico e complexo nos problemas educacionais. Assim, tais problemas serão submetidos a processos de análise e de intervenção, permitindo soluções verificáveis e que podem ser medidas objetivamente.

As ciências da educação passaram a ser, portanto, uma espécie de filtro técnico-científico, a partir do qual se pode fazer diagnósticos e propor soluções. Ou seja, surgiram para dar suporte científico à pedagogia, que ao longo do tempo se tornou, ela mesma, uma das ciências da educação.

Um dos pilares da educação moderna é o pensamento do filósofo Jean-Jacques Rousseau sobre a educação. Esse pensamento se mostrou de maneira mais evidente na obra intitulada *Emílio ou da educação*. Emílio é um personagem criado por Rousseau, e toda a obra se insere nas possibilidades do tutor ou educador no trabalho de educação desse menino. A parte central desse tratado de educação é a relação educador-educando. A própria filosofia, ao pensar a pedagogia, precisou se conformar com os limites que existiam ao se tentar fazer com que uma filosofia da educação fosse equivalente a uma ciência da educação.

Lembre-se

Você precisa lembrar das suas aulas no ensino fundamental sobre o século XVIII, o Século das Luzes, sempre associado à Revolução Francesa e à ascensão da burguesia nos aspectos políticos, econômicos e culturais. Os movimentos em prol de uma sociedade mais esclarecida recebeu o nome de Iluminismo e surgiu a partir do século XVII na Europa. Objetivava propor uma organização social pela razão, em contraposição a uma sociedade hierarquizada a partir de orientação religiosa.

Foi um momento em que a ideia de cidadania e de democracia ganhou um grande desenvolvimento, com as cartas relacionadas aos direitos humanos e aos direitos dos cidadãos. O Iluminismo chegará a várias partes do mundo, inclusive ao Brasil, trazendo ideais de liberdade e emancipação política. É o momento da Independência Americana, da Inconfidência Mineira e das revoltas no Haiti.

São classificados entre os pensadores iluministas os filósofos **John Locke** (1632-1704), **Voltaire** (1694-1778) e **Jean-Jacques Rousseau** (1712-1778). Todos, de alguma forma, deixaram legados importantes para as discussões sobre educação, sempre relacionando-a ao contexto político da época.

Parece haver um consenso entre os pesquisadores atualmente de que a educação é muito mais do que a atuação do educador e de seu trabalho docente. É como afirma o professor José Carlos Libâneo: "todo trabalho docente é trabalho pedagógico, mas nem todo trabalho pedagógico é trabalho docente" (LIBÂNEO, 2006, p. 169).

Nesse sentido, existe uma herança histórica da pedagogia e sua relação íntima com as chamadas ciências da educação, que é necessário considerar antes de falarmos desta última na próxima seção:

> A Pedagogia, mediante conhecimentos científicos, filosóficos e técnico-profissionais, investiga a realidade educacional em transformação, para explicitar objetivos e processos de intervenção metodológica e organizativa referentes à transmissão/assimilação de saberes e modos de ação. Ela visa o entendimento, global e intencionalmente dirigido, dos problemas educativos, e, para isso, recorre aos aportes teóricos providos pelas demais ciências da educação (LIBÂNEO, 2006, p. 170).

Amplie seus conhecimentos

Em seu livro *Democratização da escola pública – a revisão crítico-social dos conteúdos,* José Carlos Libâneo defende um modelo de escola mais concentrada nas classes sociais menos favorecidas. Advoga que os métodos de ensino dessa escola sejam pautados no estímulo do desenvolvimento da consciência crítica dos indivíduos para que despertem para a sua condição de oprimido e para que tenham subsídios para se tornarem agentes transformadores da sociedade.

Confira em: <http://letrasunifacsead.blogspot.com.br/p/jose-carlos-libaneo-biografia.html>.

3.4 As ciências da educação

Quando se analisa o fenômeno educativo sob o ângulo de outras ciências já constituídas, os objetos específicos dessas ciências são levados em conta o tempo todo. Portanto, a especificidade do fenômeno educativo aparece sob a perspectiva histórica, no caso da história da educação; da perspectiva sociológica, no caso da sociologia da educação, da perspectiva psicológica, no caso da psicologia da educação.

Em outras palavras, se estamos interessados na relação entre a educação, o trabalho e a sociedade, precisaremos nos valer da história da educação como perspectiva cronológica e da sociologia da educação como estratégia para compreender a educação à luz das mudanças e permanências na sociedade.

Não é possível pensar a escola isoladamente como única responsável pelas conquistas ou pelos desastres sociais. Um problema comum é associar o desenvolvimento socioeconômico diretamente ao desenvolvimento escolar sem que se acrescentem outras variáveis à análise:

> A história da escola sempre foi contada como a história do progresso. Por aqui passariam os mais importantes esforços civilizacionais, a resolução de quase todos os problemas sociais. [...] Esta análise parte de um erro fundamental, o de supor que as nações são grandes porque a sua escola é boa: certamente que não há grandes nações sem boas escolas, mas o mesmo deve dizer-se da sua política, da sua economia, da sua justiça, da sua saúde e de mil coisas mais (NÓVOA, 1994).

A título de exemplo, pode-se apresentar algumas das ciências da educação no quadro a seguir:

Quadro 3.1 – Ciências da educação

Exemplos	Objetivos
Administração Escolar e Economia da Educação	Desenvolve suas atividades em administração escolar (administração financeira, administração de pessoal, teoria das organizações), economia da educação, antropologia das organizações educacionais, educação especial, política educacional, avaliação educacional, realizando também estudos sobre gênero, educação e trabalho.
História da Educação	Contempla estudos voltados para investigações historiográficas sobre educação, também em uma dimensão comparada, a partir de perspectivas teórico-metodológicas diversas, resultando uma história da educação com um perfil marcadamente sociocultural. Estuda, sob o ponto de vista histórico, a) educadores e ideias pedagógicas, b) as instituições escolares, sua origem e desenvolvimento nas relações com o contexto sociocultural. c) práticas, representações e saberes escolares e educação; d) estudos comparativos em educação voltados para a apreensão das proximidades e diversidades culturais, linguísticas e políticas no campo educacional; e) a organização de arquivos escolares com vistas à preservação de fontes documentais sobre a escola; f) história do livro e das práticas de leituras.
Psicologia da Educação	Abrange investigações teóricas e aplicadas no campo de interseção da psicologia e da educação. Compreende estudos sobre os processos de desenvolvimento e sua interface com a aprendizagem, estudos psicanalíticos em educação, bem como estudos sobre a escolarização e o cotidiano escolar.
Sociologia da Educação	Abrange estudos socioculturais da escola, dos sistemas escolares, do processo educativo e de seus agentes, e experiências em educação não formal ou escolar, incluindo o exame das relações entre a educação e a sociedade e as relações entre a educação, a cultura, as ideologias, as instituições políticas, os sistemas de dominação e a construção de práticas de resistência e emancipação.

Fonte: Adaptado de Feusp (2014).

O Conselho Nacional de Desenvolvimento Científico e Tecnológico (CNPQ), ligado ao Ministério da Ciência, Tecnologia e Inovação, estabelecendo as áreas do conhecimento, fez uma classificação que vai além do que é mostrado no Quadro 2.1, que se refere aos fundamentos da educação e à administração escolar e contempla ainda os seguintes tópicos como subáreas da Educação considerada como Grande Área.

Quadro 3.2 – Áreas e subáreas da Grande Área do Conhecimento "Educação" segundo o CNPQ

Área	Subáreas
Fundamentos da Educação	Filosofia da Educação História da Educação Sociologia da Educação Antropologia Educacional Economia da Educação Psicologia Educacional
Administração Educacional	Administração de Sistemas Educacionais Administração de Unidades Educativas
Planejamento e Avaliação Educacional	Política Educacional Planejamento Educacional Avaliação de Sistemas, Instituições, Planos e Programas Educacionais

Área	Subáreas
Ensino-aprendizagem	Teorias da Instrução
	Métodos e Técnicas de Ensino
	Tecnologia Educacional
	Avaliação da Aprendizagem
Currículo	Teoria Geral de Planejamento e Desenvolvimento Curricular
	Currículos Específicos para Níveis e Tipos de Educação
Orientação e Aconselhamento	Orientação Educacional
	Orientação Vocacional
Tópicos Específicos de Educação	Educação de Adultos
	Educação Permanente
	Educação Rural
	Educação em Periferias Urbanas
	Educação Especial
	Educação Pré-Escolar
	Ensino Profissionalizante

Fonte: Adaptado de CNPQ (2014).

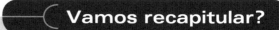

Vamos recapitular?

Neste capítulo você pôde ver que a educação está ligada ao processo social ao longo do tempo. Teve oportunidade de conhecer aspectos gerais do surgimento do que hoje entendemos pedagogia e de como a educação foi se modificando para atender as demandas sociais, políticas e econômicas. Algo que se manteve nesse processo histórico foi o fato de a educação ter sempre sua finalidade ligada aos interesses de formação política dos indivíduos. Você também viu que, embora a grande inspiração para a educação seja a cultura grega através da *Paideia*, também pôde perceber os limites desse tipo de educação da qual escravos e mulheres eram excluídos.

Para o entendimento da educação no mundo moderno, este capítulo traçou algumas linhas de interpretação para o lento surgimento da escola e da universalização da educação. Durante muito tempo a educação era pensada, para além dos limites familiares, a partir da relação entre um preceptor e um aluno. A educação das crianças começou como uma adequação de seus hábitos à ideia de civilidade do mundo burguês.

Neste capítulo também se destaca a contextualização do surgimento da escola e da escolarização a partir das Revoluções Industriais. O desenvolvimento econômico e social contribuiu para que se dessem contornos mais científicos para a Pedagogia, que logo se viu necessitada de ciências auxiliares, que, neste capítulo, foram nomeadas como ciências da educação. Esperamos que você tenha compreendido que este capítulo, através de informações históricas, procurou preparar a sua leitura e o seu aprendizado para o que é efetivamente o objetivo deste livro: fazer com que você conheça, entenda e discuta as relações entre educação, sociedade e trabalho, um dos principais temas a que se dedica a sociologia da educação.

Agora é com você!

1) Para facilitar essa aprendizagem, pedimos que você observe as seguintes imagens e procure relacioná-las com informações apresentadas e discutidas ao longo do capítulo.

Figura 3.2 – Menina na escola.

Figura 3.3 – Mercado de escravos.

Introdução às Ciências da Educação

Figura 3.4 – Fim da escravidão.

Figura 3.5 – Cultivando crianças.

2) Encontre ao longo do texto indícios de que a sociologia da educação é uma ciência auxiliar da pedagogia e importante para compreender as relações entre sociedade e educação.

3) Resgate o conceito de positivismo e sua influência na educação brasileira conforme apresentado no Capítulo 1.

4) Resgate os conceitos de meios e relações de produção apresentados no Capítulo 2.

4

Sociologia da Educação: Princípios e Tendências Teóricas

Para começar

A sociologia da educação é o motivo principal de estudo deste capítulo. Veremos em que consiste esse campo de estudo e quais as principais preocupações teóricas envolvidas. Para isso, primeiro voltaremos aos clássicos para entender o quanto a educação estava presente desde o princípio das pesquisas sobre a sociedade. Em seguida, passaremos para alguns pensadores mais recentes. Finalizaremos o capítulo expondo um panorama dos debates referentes à sociologia da educação no Brasil.

4.1 O campo da sociologia da educação

Você viu nos capítulos anteriores como, à medida que as sociedades vão se tornando cada vez mais complexas, mais se aprofundam os conhecimentos científicos e tecnológicos, mais se especializam as disciplinas, e estas, por isso, cada vez têm que dialogar com outras áreas para que se possa compreender a complexidade do todo que aparece para o indivíduo de forma fragmentada, principalmente agora, numa sociedade altamente informatizada, tão fragmentada que se chega a perder a historicidade dos processos sociais.

Você viu, nos primeiros capítulos deste livro, a formação de duas áreas do conhecimento: a sociologia e a educação, e como houve a necessidade de a pedagogia ser subsidiada por ciências auxiliares como a sociologia, a psicologia, a medicina, entre outras áreas do conhecimento.

Neste capítulo, o enfoque é justamente a sociologia da educação, que é, na verdade, o fio condutor que atravessa toda a concepção deste livro, ao problematizar as relações entre sociedade, educação e trabalho.

Porém, não basta afirmar que existe uma ciência auxiliar da educação ou uma vertente da ciência da sociedade preocupada com a educação, a sociologia da educação. É necessário nos aprofundarmos mais nesse âmbito e compreendermos mais o que significa a sociologia da educação, quais são seus objetivos, fundamentos, pesquisas e contribuições importantes para os estudos relativos ao processo educativo.

Não existe uma única sociologia da educação. Digamos que há inúmeras abordagens, algumas das quais veremos neste capítulo. De todo modo, podemos enunciar alguns princípios que caracterizam os diversos estudos em sociologia da educação.

A sociologia da educação visa compreender e caracterizar a inter-relação entre ser humano, sociedade e educação, à luz de diferentes teorias sociológicas, bem como das práticas pedagógicas ratificadoras e/ou transformadoras dos contextos cultural, social, político, econômico e ecológico. É objetivo da sociologia da educação compreender que a educação se dá no contexto de uma sociedade que, por sua vez, é também resultante da educação. Ou seja, a sociologia da educação está preocupada com o impacto mútuo entre sociedade e educação e as transformações na sociedade que impactam na educação e vice-versa.

Ou seja, a sociologia da educação busca compreender as relações entre sociedade, educação e o indivíduo, sem hierarquizar a importância desses elementos, mas mostrando como o processo de construção de uma cultura se dá pelo entrelaçamento entre eles.

A sociologia da educação procura demonstrar a importância da compreensão da sociologia como instrumento de conhecimento e interpretação da realidade socioeducacional. Sua abordagem é predominantemente política, lançando questões à sociedade, buscando refletir em que medida os ideais de uma determinada sociedade são compreendidos e efetivados através da educação que proporciona aos seus participantes. Daí que a sociologia da educação aborda os fenômenos da inclusão e da exclusão social, analisando quanto a educação formal e informal reproduz ou transforma esses processos sociais.

Para que você pudesse compreender, ainda que de maneira introdutória, o enfoque da sociologia da educação, no Capítulo 1 foi apresentado o contexto histórico do surgimento da sociologia e seus principais teóricos. Caso você tenha maiores dificuldades com este capítulo, é importante que releia e resgate as informações e reflexões constantes do Capítulo 1.

A partir de agora, vamos trabalhar diretamente com os autores e textos da sociologia que têm um enfoque mais específico na educação e que são considerados pelos pesquisadores dessa área como importantes contribuições.

4.2 Durkheim e a educação

Um dos precursores da sociologia, Durkheim também foi um dos primeiros a se dedicar à relação entre sociologia e educação, escrevendo livros exclusivamente sobre o tema que foram publicados postumamente: *Educação e sociedade* (1922); *A educação moral* (1925); e *A evolução pedagógica na França* (1938).

Se lembrarmos do Capítulo 1, quando fizemos uma introdução ao pensamento do sociólogo francês, veremos que a educação foi citada como uma das principais características da formação individual, seja ela formal ou informal. É pela educação que os costumes, os hábitos, as regras sociais são incorporados pelas crianças. Essa educação não se resume ao processo de escolarização, mas inclui a família, a igreja, os amigos, a comunidade em que se vive, e a própria escola.

Vejamos como Durkheim definia educação:

> A educação é a ação exercida, pelas gerações adultas, sobre as gerações que não se encontrem ainda preparadas para a vida social; tem por objetivo suscitar e desenvolver, na criança, certo número de estados físicos, intelectuais e morais, reclamados pela sociedade política, no seu conjunto, e pelo meio especial a que a criança, particularmente, se destine (DURKHEIM, 1965, p. 41).

Todavia, ao longo dos anos, a escola foi ganhando prioridade em passar as condutas sociais aceitas, e por isso torna-se um elemento privilegiado no contexto educacional. Se antes a literatura, as artes e os rituais eram responsáveis por transmitir de geração em geração os saberes, muitas vezes, por imagens e oralmente, aos poucos a instituição escolar vai tomando para si essa tarefa, apoiada pela sociedade e pelas políticas públicas. Trata-se de um movimento em que a educação passa da vida privada, familiar e afetiva, para a esfera pública.

Aliás, um dos problemas quando se começa usar o termo sociologia da educação está em definir se, na realidade, trata-se de uma sociologia interessada na educação como um todo ou se a sociologia da educação não se transformaria apenas em uma "sociologia da escola", dada a importância que tem essa instituição social.

Inevitavelmente as instituições escolares entrariam como objeto de estudo dos sociólogos e educadores. No entanto, como se sabe, a sala de aula faz parte de um complexo maior, se insere no seio da sociedade com sua especificidade e função. Em outras palavras, a escola não existe sem as relações estabelecidas em seu contexto, não se restringe somente a alunos e professores, mas inclui pais, funcionários, estruturas, instalações e tecnologias utilizadas no processo de ensino e aprendizagem, enfim, uma gama enorme de relações sociais a serem contempladas.

Por isso, Durkheim insistia que a educação é a

> ação exercida, junto às crianças, pelos pais e mestres. É permanente, de todos os instantes, geral. Não há período na vida social, não há mesmo, por assim dizer, momento no dia em que as novas gerações não estejam em contato com seus maiores e, em que, por conseguinte, não recebam deles influência educativa. (DURKHEIM, 1965, p. 57).

Ele diferencia a educação da pedagogia, pois esta não é ação, mas teoria, tem por função elaborar maneiras de conceber a educação e praticá-la. Portanto, para Durkheim, a educação é a matéria da pedagogia, esta reflete sobre aquela seus métodos. No entanto, não se pode confundir a pedagogia com a sociologia da educação. Elas têm interesses diferentes. Enquanto a pedagogia preocupa-se com os métodos e teorias a serem aplicados no ensino, a sociologia da educação estará ocupada das relações sociais que ocorrem quando o tema é educação.

Durkheim, ao estudar a educação, aplica seu método de estudo delineado nas *Regras do método sociológico*, que vimos no Capítulo 1, ou seja, aquele que considera os fatos sociais como "coisas". Para ele, existe uma relação íntima entre as estruturas políticas e sociais com as práticas educativas executadas por uma determinada sociedade, incluindo as formas escolares que se estabelecem nesse contexto. Por exemplo, ele estuda como a aparição dos colégios no século XVII é uma maneira de generalizar os modos de educação aristocrática para a burguesia emergente (lembremos que seu método era comparativo).

Aqui é impossível não lembrar de uma peça de teatro muito famosa, do dramaturgo francês Molière, uma comédia de costumes intitulada *O burguês fidalgo*. Trata-se de uma sátira de Molière a essa educação aristocrática que a burguesia ascendente buscava e ao mesmo tempo uma crítica à própria nobreza. Um burguês fidalgo e extremamente ingênuo, o Sr. Jourdain, se propõe a receber aulas de música, dança, filosofia e esgrima, para imitar o comportamento da nobreza com que passara a ter maior relação graças à sua fortuna. Não economiza dinheiro para adquirir uma educação que lhe é praticamente impossível, quer seja por nascimento, quer seja por questões educacionais primárias. O próprio título já é uma brincadeira de Molière, pois em francês *Le bourgeois gentilhomme* significa burguês cavalheiro, o que é uma incongruência, pois cavalheiro (*gentilhomme*) é aquele que nasce nobre, não pode ser burguês. Uma série de cenas hilárias evidencia o ridículo dessa tentativa de ascensão do burguês. Em uma cena clássica, uma aula de filosofia que se transforma em aula de francês, sua língua materna, ele "descobre", e acha isso o máximo, motivo de orgulho, que sempre falara em prosa, a "vida toda", e não em verso.

Se recordamos e citamos o burguês fidalgo de Molière é para exemplificar a passagem relatada por Durkheim e reforçar que o movimento da sociedade, nesse caso, a emergência da burguesia como classe dominante após as Revoluções Francesa e Industrial, afeta de maneira direta as conformações sociais que se dão, incluindo aí, evidentemente, o campo educacional. É via educação que o fidalgo burguês tenta se destacar, para ser respeitado pela nobreza.

A educação, e a escola mais diretamente, aparece em evidência com a função de socialização das cidades modernas. Durkheim dizia que a educação é uma socialização metódica da geração jovem, que consiste na transferência dos valores e normas comuns a todos os indivíduos de uma mesma sociedade.

4.3 Weber e a educação

Tanto Durkheim quanto outro clássico visto no primeiro capítulo, Max Weber, estiveram particularmente interessados nos impactos do processo de racionalização sobre a educação nas sociedades modernas, principalmente no desaparecimento das valores transmitidos pela tradição.

Em Weber, perceberemos que a questão da educação não é menos importante, mas, no entanto, precisa ser entendida dentro de suas categorias, dentro da lógica dos conceitos por ele criados, pois, de fato, a educação não é um tema que receberá um tratamento exclusivo em Weber. Um dos poucos textos de Weber que enfatizam mais diretamente a educação é "Os letrados chineses", quando ele observará os aspectos culturais que envolvem o desenvolvimento cultural chinês, analisando o papel dos mandarins e dos letrados naquela cultura. Não cabe aqui fazer o percurso de Weber nesse texto. Vale apenas salientar que quando Weber está tratando da educação suas preocupações dirigem-se para a política, nas formas de dominação e poder dentro das instituições educacionais. Poder para Weber é a imposição de uma determinada vontade na relação social, e dominação é a probabilidade de obediência.

A leitura weberiana da sociedade leva à conclusão de que há o desencantamento e a falta de sentido do mundo. A extrema racionalização e burocratização da sociedade forçosamente impactam a educação. Mas é possível afirmar que Weber ainda vê alguma possibilidade de resistência a essa situação.

Para Carvalho (2006), Weber deposita sua confiança na liberação de forças capazes de possibilitar uma atitude de resistência contra as instituições burocráticas, distanciando-se de profecias científicas ou filosóficas quanto ao progressivo melhoramento da humanidade como teria postulado Durkheim sobre a direção para uma sociedade harmoniosa e solidária, ou como teria pensado Marx quanto à sociedade justa alcançável no socialismo.

4.4 Marxismo e educação

A introdução ao pensamento de Marx, vista no Capítulo 1, serve de base para entender a concepção do pensador alemão em relação à educação. Não é possível compreender a educação em Marx sem recorrer ao seu fio condutor: a relação capital-trabalho. Vimos que as profundas alterações advindas com a industrialização trouxeram mudanças em todo o corpo social, nas classes dominantes, as detentoras dos meios de produção, tomaram para si a responsabilidade de organizar a educação na sociedade, segundo seus interesses, muito embora esta proclamasse que os direitos deveriam ser iguais para todos. A ideia é que a educação fosse universal, a que todos tivessem acesso. Porém, segundo Marx, se o próprio modo de produção gera as desigualdades sociais, as diferenças de classes, também a inserção na educação se dará de forma assimétrica, desigual, consolidando e ao mesmo tempo tentando minimizar a luta de classes. Por isso, vemos até hoje as diferenças de escolaridade entre as classes dominantes e as menos favorecidas.

Na visão de Marx, a educação só pode ser pensada na relação entre escolaridade e trabalho, nas distorções nela produzidas pelo movimento do capital e, ao mesmo tempo, nas possibilidades de uma conjunção revolucionária entre ambos para formar um novo homem, uma emancipação, mesmo que a partir do sistema fabril:

> Do sistema fabril, conforme expõe pormenorizadamente Robert Owen, brotou o germe da educação do futuro, que conjugará o trabalho produtivo de todos os meninos além de uma certa idade com o ensino e a ginástica, constituindo-se em método de elevar a produção social e de único meio de produzir seres humanos plenamente desenvolvidos (MARX, 2002, p. 548).

Mais uma vez, em Marx está a proposta de aliar a teoria à prática, ou, melhor ainda, para ele não há efetivamente essa separação entre teoria e prática. Pensando nos antagonismos de classes, a primeira coisa a fazer é abolir ou pelo menos repensar a divisão do trabalho, e a educação ajuda nas concepções relativas à constituição da classe trabalhadora nesse contexto.

Continuando o esforço marxista de interpretação e transformação da sociedade, destacam-se os estudos de Antonio Gramsci (1891-1937). O italiano Gramsci se debruçou sobre os fenômenos culturais, os valores sociais e as instituições na sociedade capitalista, tendo grande influência nas reflexões sobre as relações entre educação e trabalho. Uma das marcas do pensamento de Gramsci e sua importância para a educação é o caráter emancipatório da relação entre educação e trabalho quando voltada para a formação integral do ser humano, como você poderá ver no capítulo deste livro sobre o trabalho como princípio educativo. Deve-se ressaltar que entre as grandes contribuições de Gramsci para os estudos sobre educação está a ênfase que ele deu à cultura popular, à relação intelectual e à massa, privilegiando uma análise política e cultural da sociedade (CARVALHO, SILVA, 2006).

Sociologia da Educação: Princípios e Tendências Teóricas

Para Gramsci, a organização escolar, ao lado de outras instituições da sociedade civil, auxilia na consolidação da hegemonia que é exercida essencialmente em nível da cultura, da ideologia e seus canais de produção e difusão, como é o caso do sistema educacional. Ao analisar o sistema de ensino italiano, Gramsci critica a sua dualidade, ou seja, a existência de dois tipos de ensino: a escola humanista, destinada a desenvolver a cultura geral dos indivíduos da classe dominante, e a escola técnica, que prepara os alunos oriundos das classes dominadas para o exercício de profissões. Os estudiosos de Gramsci entendem que esse processo ocorre de maneira muito similar no sistema educacional brasileiro (GONZALES, 2014).

4.5 Herança e reprodução em Bourdieu e Passeron

Dois autores que fizeram da educação uma preocupação importante para a sociologia contemporânea são Pierre Bourdieu e Jean-Claude Passeron. Eles escreveram dois livros fundamentais para a sociologia da educação: *Os herdeiros* (1964) e *A reprodução* (1970).

Basicamente, Bourdieu e Passeron dizem que a escola reproduz as desigualdades sociais por meio das metodologias e conteúdos ensinados que privilegiam, de maneira implícita, uma determinada forma de cultura que interessa as classes dominantes. Se Durkheim observa a transmissão de valores comuns na escola, Bourdieu e Passeron dirão, ao contrário, que a escola, muitas vezes, pode reforçar as desigualdades, pois mascara por detrás de um discurso de igualdade a disseminação de valores sociais que servirão como processo de seleção, via diplomas universitários, por exemplo. Os autores estudam o sistema escolar francês, mais especificamente a passagem para o ensino superior. Aqui no Brasil podemos pensar nos vestibulares e na aquisição do diploma nas melhores universidades do país.

O sistema escolar tem, portanto, um poder de exercer uma violência simbólica, que permite manter a hierarquia das classes sociais, por meio da cultura escolar. Por violência simbólica entende-se o desprezo pela cultura popular ou ainda a aculturação desta por um grupo privilegiado econômica ou politicamente, fazendo com que se percam a identidade e as referências pessoais.

Embora, em teoria, todos tenham o direito à educação e à cultura, na prática as diferenças de capital, de cultura, herdadas pelos filhos, permitirão que alguns tenham mais vantagens que outros na formação, alcançando melhores colocações sociais e reproduzindo as disparidades sociais.

A ideia de herança e de reprodução é essencial em Bourdieu e Passeron. Ambos se inserem entre os defensores da teoria do reprodutivismo. Nessa perspectiva, o pai dito bem-sucedido quer que o filho siga o mesmo caminho para perpetuar sua posição social, e para isso se vale das instituições escolares como forma de distinção.

> A transmissão da herança depende, doravante, para todas as categorias sociais (embora em graus diversos), dos veredictos das instituições de ensino que funcionam como um princípio de realidade brutal e potente, responsável, em razão da intensificação da concorrência, por muitos fracassos e decepções (BOURDIEU, 2007, p. 229).

Bourdieu, no entanto, não deixará de apontar as contradições desse sistema. Uma delas é que, muitas vezes, a escola se transforma para o jovem em motivo de sofrimento e pressão para manter o desejo de herança que os pais depositam nos filhos, trazendo decepções e fracassos, como disse Bourdieu, gerando outros conflitos sociais. O privilégio e a herança podem transformar-se em um peso sobre o indivíduo, a fatalidade do destino.

Uma das ferramentas utilizadas pela escola nesse processo de manter o *status quo* é o exame, usado para selecionar os melhores desde os primeiros anos da vida escolar. Esses exames que acontecerão ao longo da vida farão com que, muitas vezes, os que são de origem mais popular sejam eliminados do processo. As diferenças culturais influenciam determinantemente o sucesso ou o fracasso escolar das pessoas. Dependendo da estrutura social, se tem um tipo de acesso às carreiras universitárias mais concorridas ou mesmo nem se consegue atingir o ensino superior. Há uma probabilidade de êxito ou não nessa passagem, diretamente ligada à herança cultural do indivíduo.

Por outro lado, aqueles que conseguem furar essa barreira acabam reproduzindo as formas sociais dadas, os discursos e as ideologias, inclusive para se manter no sistema. Os próprios professores se tornam atores importantes nesse processo e acabam, conscientemente ou não, mantendo a hierarquização social através dos métodos de ensino que utilizam, priorizando a cultura dominante.

Embora possa parecer o contrário, na visão de Bourdieu a violência simbólica para a manutenção das desigualdades não se dá na prática por questões econômicas somente, mas principalmente pela cultura. No fundo, trata-se de um problema político, pois usa-se um discurso democrático, de igualdade para todos, de acesso ao ensino para todos, embora, no entanto, a situação se reverta e, ao invés de transmitir privilégios para todos, acaba protegendo o privilégio de alguns. Bourdieu dirá que isso acontece pelo desrespeito às diferenças culturais:

> Com efeito, para que sejam favorecidos os mais favorecidos e desfavorecidos os menos desfavorecidos, é necessário e suficiente que a escola ignore, no âmbito dos conteúdos do ensino que transmite, dos métodos e técnicas de transmissão e dos critérios de avaliação, as desigualdades culturais entre as crianças das diferentes classes sociais. Em outras palavras, tratando todos os educandos, por mais desiguais que sejam eles de fato, como iguais em direitos e deveres, o sistema escolar é levado a dar sua sanção às desigualdades iniciais diante da cultura (BOURDIEU, 2007, p. 53).

Esse é um impasse político que deve ser enfrentado pelo sistema escolar. Mesmo Bourdieu procurou achar soluções para esta situação, sem muito progredir. No entanto, sua contribuição, junto a Passeron, foi de colocar a questão dessa forma e trazer a cultura como ponto fundamental para as discussões na sociologia da educação.

Resumindo, na concepção desses autores a escola atua no campo da reprodução social e na legitimação das desigualdades sociais. Portanto, a cultura escolar nunca é neutra, pois seria uma representante da cultura dominante. A escola é sempre socialmente interessada, mas existe a partir de um véu ideológico que oculta a sua real natureza, fazendo-se passar por neutra, universal e legítima. O que os defensores da universalização da educação têm como aspectos positivos e emancipatórios, Bourdieau e Passeron veem como expedientes para ocultar a real finalidade da escola. Universalidade da escola e universalização de seu conteúdo seriam as duas faces da mesma moeda (CARVALHO, SILVA, 2006).

Amplie seus conhecimentos

O grupo de rock progressivo Pink Floyd lançou no final dos anos 1970 um álbum articulado a um filme que explicitou e gerou debates sobre a escola como reprodutora da ordem social. A letra da música intitulada *The Wall* (O muro) nega a necessidade da educação que está associada ao controle de pensamento e se reduz à produção de tijolos para uma construção de um muro. "No fim", afirma a letra da música, "você é apenas um outro tijolo no muro."

Para ler a letra inteira da música e sua tradução, acesse: <http://musica.com.br/artistas/pink-floyd/m/another-brick-in-the-wall/traducao.html>.

4.6 Educação e teoria crítica da sociedade

Surgida no contexto do marxismo do início do século XX, a Teoria Crítica da Sociedade surgiu como alternativa para se entender os motivos pelos quais as massas trabalhadoras aderiam ao fascismo. Nos anos que antecederam a Segunda Guerra Mundial, os pensadores marxistas assistiram à ascensão do totalitarismo de direita (o nazifascismo) e o totalitarismo de esquerda (o governo soviético). Alguns desses pensadores, na sua maioria judeus alemães, formaram um grupo que ficou conhecido como Escola de Frankfurt. Alguns dos pesquisadores que foram se vinculando a esse grupo migraram para os Estados Unidos em decorrência das perseguições sofridas na Alemanha nazista. Entre eles podem ser mencionados Herbert Marcuse, Max Horkheimer e Theodor W. Adorno.

Esses pensadores, que se vincularam às pesquisas empíricas sociológicas nos Estados Unidos, realizavam reflexões em que se associavam a psicanálise, a crítica da cultura e o pensamento marxista, sempre se referindo à tradição filosófica da qual se originaram.

A recepção desses pensadores no Brasil se deu, em grande parte, a partir de leituras da realidade educacional confrontada com a difusão da comunicação para as massas designada no contexto da Teoria Crítica da Sociedade como indústria cultural. Outro conceito importante é o de semiformação que seria a constatação de que na educação formal ou informal tem se buscado sobretudo a dimensão adaptativa da cultura e do conhecimento e não a que fomenta a emancipação. Para que isso seja possível, a cultura é defendida pela escola e pelos meios de comunicação em geral como mercadoria, como algo ligado à subjetividade e fora das condições reais de existência, o que neutraliza o seu potencial de crítica.

4.7 Sociologia da educação no Brasil

A sociologia da educação no Brasil sempre esteve atrelada à busca da compreensão e superação das desigualdades sociais e do déficit educacional. Os estudos sobre educação no Brasil foram fortemente influenciados pelos textos sobretudo de Durkheim e Marx, mas, evidentemente, não se restringem a esses autores. Além de inúmeras abordagens e interpretações, temos os pensadores e sociólogos que continuaram o esforço de Marx, de Weber e de Durkheim no sentido de compreender melhor as relações entre sociedade e educação.

Ao longo deste livro, são abordados vários temas relacionados à educação que são estruturais na nossa civilização e tanto outros determinados historicamente e circunstanciais a épocas e espaços distintos.

Na atualidade no Brasil, a sociologia e outras ciências auxiliares da educação têm sido convocadas para discutir sobre a avaliação escolar, bem como a avaliação da avaliação: quem avalia e por que avalia a educação. Se nos anos 1970 e 1980 a sociologia era convocada para auxiliar na reflexão sobre questões estruturais, como as políticas públicas e o fracasso escolar, as questões relativas à desigualdade de gêneros e de etnia, atualmente, além dessas questões, a sociologia da educação entra também no universo da escola, no seu cotidiano, tentando desvendar as culturas organizacionais das instituições escolares, considerando por exemplo as estratégias e a efetividade das concepções e práticas de gestão. Da mesma forma, a sociologia da educação discute a prática e a formação docente, as relações entre os meios de comunicação e a escola, o impacto das crenças e práticas religiosas na formação escolar, a inserção da escola nas dinâmicas políticas, sociais e culturais locais. Há trabalhos específicos que tratam da educação da infância, do jovem e do adulto.

Embora o pensamento sociológico na educação brasileira possa ser datado já no século XIX, como vimos no Capítulo 1, ao abordar a importância do positivismo para a educação no início da República, uma abordagem mais sistemática da sociologia na educação ocorreu inicialmente entre 1920 e 1945. Segundo Silva (2003), nesse período a produção intelectual no campo da sociologia da educação era extremamente modesta, destacando-se, sobretudo, a obra de Fernando de Azevedo, que foi muito influenciado pelo pensamento de Durkheim e John Dewey.

Amplie seus conhecimentos

John Dewey (1859-1952), filósofo norte-americano, influenciou educadores de várias partes do mundo. No Brasil, inspirou o movimento da Escola Nova, liderado por Anísio Teixeira, ao colocar a atividade prática e a democracia como importantes para a educação. Dewey defendia a democracia não só no campo institucional mas também no interior das escolas. O pensamento de Dewey procurou centrar-se nas grandes necessidades da sociedade americana da sua época, em que se destacava a massiva industrialização. Dewey foi um dos primeiros pensadores da educação a diagnosticar e a confrontar dois tipos dominantes de ensino, o tradicional e o progressista. O tradicional seria aquele centrado no professor e nos conteúdos a serem transmitidos. O ensino progressista é aquele em que cada aluno aprende fazendo e também no processo de interação com os seus colegas. Aprenda mais em: <http://www.reveduc.ufscar.br/index.php/reveduc/article/view/38>.

Fernando de Azevedo e Anísio Teixeira fizeram parte do grupo chamado de *Pioneiros da Escola Nova*. Os pensadores escolanovistas, entre os quais apenas um tinha formação em sociologia, buscavam transformar o país por meio de um sistema de ensino baseado em princípios científicos. Eram conhecedores da sociologia de Durkheim e da filosofia de John Dewey. Produziram um documento denominado *Manifesto dos Pioneiros de 1932*. Esse documento contribuiu para defender uma agenda de reformas educacionais.

Com o fim da Segunda Guerra Mundial e do Estado Novo, o Brasil conheceu o nacional desenvolvimentismo no período entre 1945 a 1964, ano do golpe militar. Com a reorganização estatal e o planejamento estratégico de vários setores do país, houve mais espaço para os cientistas sociais. É um momento de grande relevância de Anísio Teixeira, que liderou a Coordenação de Aperfeiçoamento de Pessoal do Ensino Superior (Capes) e o Instituto Nacional de Estudos e Pesquisas Educacionais (Inep), lançando as bases para o que seria o papel fundamental dessas instituições, qual seja, o de fomentar as pesquisas e estudos que assegurariam a fundamentação científica da política educacional do MEC.

O Inep foi criado no dia 13 de janeiro de 1937, cabendo a ele "organizar a documentação relativa à história e ao estado atual das doutrinas e técnicas pedagógicas; manter intercâmbio com instituições do País e do estrangeiro; promover inquéritos e pesquisas; prestar assistência técnica aos serviços estaduais, municipais e particulares de educação, ministrando-lhes, mediante consulta ou independentemente dela, esclarecimentos e soluções sobre problemas pedagógicos; divulgar os seus trabalhos". Também cabia ao Inep participar da orientação e seleção profissional dos funcionários públicos da União. Em 1944, houve o lançamento da *Revista Brasileira de Estudos Pedagógicos* (RBEP), que é publicada até os dias atuais (INEP, 2014).

Anísio Teixeira, em um trecho do seu discurso de posse no Inep, em 1952, declara:

> A educação nacional está sendo, todos os dias, por leigos e profissionais, apreciada e julgada. Os métodos para estes julgamentos resumem-se, entretanto, nos da opinião pessoal de cada um. Naturalmente, os julgamentos hão de discordar, mesmo entre pessoas de tirocínio comprovado. Temos que nos esforçar por fugir a tais rotinas de simples opinião pessoal, onde ou sempre que desejarmos alcançar ação comum e articulada. Sempre que pudermos proceder a inquéritos objetivos, estabelecendo os fatos com a maior segurança possível, teremos facilitado as operações de medida e julgamentos válidos. Até o momento, não temos passado, de modo geral, do simples censo estatístico da educação. É necessário levar o inquérito às práticas educacionais. Procurar medir a educação, não somente em seus aspectos externos, mas em seus processos, métodos, práticas, conteúdos e resultados reais obtidos. Tomados os objetivos da educação, em forma analítica, verificar, por meio de amostras bem planejadas, como e até que ponto vem a educação conseguindo atingi-los. Cumprir-nos-á, assim e para tanto, medir o sistema educacional em suas dimensões mais íntimas, revelando ao país não apenas a quantidade das escolas, mas a sua qualidade, o tipo de ensino que ministram, os resultados a que chegam no nível primário, no secundário e mesmo no superior. Nenhum progresso principalmente qualitativo se poderá conseguir e assegurar, sem, primeiro, saber-se o que estamos fazendo (INEP, 2014).

Percebe-se no discurso de Anísio Teixeira a apresentação de alguns problemas ainda existentes na educação brasileira e como a sociedade da época, especialmente os escolanovistas, compreendia as formas de superação. Anísio Teixeira chama para o saber especializado em educação a análise do processo educativo, das instituições educacionais e do sistema de ensino. A educação, especialmente na atualidade, é objeto de debate nos jornais, na TV e nas publicações de caráter mais comercial, precisando ainda, como solicita Anísio Teixeira, de uma intervenção e uma análise mais sistemática, com objetivos e métodos cientificamente demonstrados e verificáveis. Anísio Teixeira acreditava que através do Inep e dessa proposta analítica seria possível fazer levantamentos quantitativos, mas sobretudo avaliações da qualidade do ensino em todos os níveis. A luta no sistema educacional brasileiro e nas políticas públicas voltadas para a educação é reduzir os indicadores que refletem, em grande escala, os problemas relativos à qualidade de ensino e à dificuldade do brasileiro de permanecer na escola.

Fique de olho!

No último capítulo deste livro são apresentados alguns indicadores relativos à educação no Brasil. Aproveite, quando chegar lá, para voltar a este capítulo, em que mostramos o esforço inicial de intelectuais, cientistas e representantes governamentais em instituir no país um estudo sistemático dos indicadores quantitativos e qualitativos da educação.

A Capes foi criada em 11 de julho de 1951, pelo Decreto n.º 29.741, com o objetivo de "assegurar a existência de pessoal especializado em quantidade e qualidade suficientes para atender às necessidades dos empreendimentos públicos e privados que visam ao desenvolvimento do país". Era um momento em que as elites entenderam que a industrialização e a complexidade da administração pública exigiam a formação de especialistas e pesquisadores nos mais diversos ramos de atividade: de cientistas qualificados em física, matemática e química a técnicos em finanças e pesquisadores sociais (CAPES, 2014).

Vamos recapitular?

Neste capítulo você pôde aprender como a sociologia da educação visa compreender e caracterizar a inter-relação entre ser humano, sociedade e educação, à luz de diferentes teorias sociológicas, bem como das práticas pedagógicas ratificadoras e/ou transformadoras dos contextos cultural, social, político, econômico e ecológico. Você viu como o objetivo da sociologia da educação é compreender que a educação se dá no contexto de uma sociedade, que, por sua vez, é também resultante da educação. Ou seja, a sociologia da educação está preocupada com o impacto mútuo entre sociedade e educação e com as transformações na sociedade que impactam a educação e vice-versa.

Recapitulando, Durkheim via na educação uma forma de manter as normas e regras sociais, participando assim das três características do fato social; Weber, por sua vez, buscava o sentido político de dominação via racionalização das instituições educacionais; e, finalmente, Marx denunciava as desigualdades na educação e propunha uma mudança radical no sistema educacional em sua época, na medida em que ele favorecia maiormente as classes detentoras dos meios de produção.

Neste capítulo você pôde conhecer brevemente importantes contribuições de pensadores e pesquisadores das relações sociais, como os participantes da Teoria Crítica da Sociedade, Antonio Gramsci, Bourdieu e Passeron, que abordam questões que na verdade são desdobramentos da tradição crítica iniciada por Marx.

A maneira como essas e outras leituras da sociedade foram utilizadas para compreender o processo educativo nas suas mais variadas dimensões é o objeto da sociologia da educação, que, no caso do Brasil, teve nos educadores escolanovistas os seus primeiros estudos e resultados para o nosso sistema de ensino. A criação da Capes, do Inep e a própria fundamentação científica do Ministério da Educação no Brasil estão relacionadas a essas experiências iniciais de pesquisas sistemáticas no campo da sociologia da educação.

Agora é com você!

1) Resgate do Capítulo 2 os conceitos de modo de produção, de ideologia e de luta de classes.

2) Apresente a importância da Teoria Crítica da Sociedade para a educação, considerando os conceitos de indústria cultural e semiformação.

3) Considerando a contribuição do pensamento marxista para os estudos sociológicos sobre educação, apresente e comente a importância das reflexões de Antonio Gramsci.

4) Ouça a música "*The Wall*", de Pink Floyd. Na internet você encontrará, além da música para ouvir, a tradução de sua letra, como já indicado. Depois de ouvir a música e compreender a letra, estabeleça a associação entre ela e a teoria reprodutivista da educação, defendida por Bordieau e Passeron.

5) Apresente a importância do chamado grupo dos escolanovistas para os estudos sociológicos sobre educação.

6) Entre nos *sites* do Inep e da Capes e anote algumas ações desses órgãos que estão relacionadas aos conteúdos trabalhados neste capítulo.

5

Educação nas Sociedades Tradicionais

Para começar

Este capítulo tem por objetivo estabelecer um breve panorama sobre o surgimento da educação nas sociedades humanas e como ela ocorreu nos tempos pré-históricos, na Antiguidade e na Idade Média. Neste capítulo se entende como sociedades tradicionais os grupos humanos organizados de tal maneira que o processo de mudança social era quase imperceptível ou fazia parte dessa sociedade manter tradições através da divisão social do trabalho e da educação, seja pelos ideais aristocráticos, como ocorreu na Grécia e em Roma, seja pela orientação predominantemente religiosa, como ocorreu no período medieval.

5.1 A educação é uma invenção humana

Como surgiu a educação? A educação é uma invenção humana. Se há a ideia de uma educação a ser realizada é porque existe a necessidade de ensinar algo a alguém por algum motivo específico. Educar significa ter algum domínio sobre o ambiente externo e considerar ser possível transformá-lo. Ou seja, quando falamos em cultura já pressupomos algum esforço educativo. À medida que o homem se constitui como agente da sua própria história é que teremos os primeiros esforços da educação dos indivíduos e dos grupos aos quais ele pertence.

O homem primitivo estava submetido ao tempo, assim como os animais, que não compreendem de maneira sistemática o que sejam o ontem e o amanhã. Para Paulo Freire, o homem primitivo, assim como os animais, vivia sob uma eternidade esmagadora. Só quando "teve consciência do tempo, se historicizou" (FREIRE, 1999, p. 31). Isso significa dizer que, "na história de sua cultura, o tempo e a dimensão do tempo foram um dos primeiros discernimentos do homem" (p. 63), que ocorreu quando começamos a ter consciência de que o tempo passa não simplesmente pela sucessão inexorável dos dias, mas pelas transformações ocorridas espontaneamente ou causadas por ele. As transformações provocadas pelo próprio homem fazem dele o construtor de sua própria história. Como afirma Paulo Freire, "na medida em que os homens, dentro de sua sociedade, vão respondendo aos desafios do mundo, vão temporalizando os espaços geográficos e vão fazendo história pela sua própria atividade criadora" (1999, p. 33).

Se o homem é capaz de transformar e produzir história, é capaz de aprender e também de ensinar a seus pares. Mas durante longo tempo, no que chamamos aqui de sociedades primitivas, o homem atribuiu esse poder de transformação à percepção mágica da realidade. O mito ou a interpretação mágica da realidade foi, durante longo tempo, uma forma importante de divisão de poder dentro dos grupos sociais. Divisão de poder e divisão de trabalho caminhavam alinhadas na medida em que apenas a alguns indivíduos se atribuía o poder de conhecer os mistérios dos fenômenos naturais e por isso mesmo o controle da produção e controle dos indivíduos.

5.2 Primeiros passos da educação: entre o mito e a racionalidade

Observamos que o homem vivendo em sociedade é que vai produzir o fenômeno social ao qual chamamos educação. Pensar sobre a educação em diferentes tipos de sociedade ao longo da história é perceber as diferentes formas de organização social que foram construídas para garantir a sobrevivência dos grupos humanos.

Nas sociedades anteriores à escrita não havia escolas nem professores. A educação se resumia à prática e às experiências diretamente ligadas à interpretação mágica da natureza. Os rituais auxiliavam a entender o ciclo da vida e o caráter divino da natureza. Nos chamados homens pré-históricos encontramos os rituais de iniciação. No homem de Neanderthal (que se presume ter existido entre 200 mil a 40 mil anos atrás) já se percebem o culto aos mortos, o aperfeiçoamento de armas, um gosto estético visível nas suas pinturas e algum saber técnico associado ao controle do fogo e à realização de rituais (CAMBI, 1999). Mas nesse âmbito ainda tão inicial já se realiza a educação dos jovens para que esses conhecimentos se perpetuem. A arte rupestre ligada aos rituais mágicos também tem uma função educativa, ainda fortemente marcada pela repetição e pela imitação. Ao desenhar o animal sendo capturado, o homem primitivo não só treina suas técnicas de caça, mas acredita estar mesmo materializando os momentos da captura, antecipando-se a ela: representar a captura do animal é garantir a sua realização (Figura 5.1).

Figura 5.1 – Representação de arte rupestre.

> **Amplie seus conhecimentos**
>
> A pré-história é uma época anterior à escrita, iniciada pelo aparecimento dos primeiros hominídeos, provavelmente entre 1.000.000 até 4.000 a.C. Como uma de suas características principais é a inexistência da escrita, não há nenhum documento escrito revelando algo sobre esse período, cujos estudos são cercados de hipóteses constantemente testadas pelos estudos arqueológicos, antropológicos e históricos. A arte rupestre, isto é, aquela feita nas paredes das cavernas, é um importante vestígio. É comum que os historiadores, para uma melhor compreensão, dividam a pré-história em três períodos:
>
> » Paleolítico Inferior – até 500.000 a.C. (caça e coleta, instrumentos feitos de pedra, madeira, ossos, controle do fogo e surgimento dos primeiros hominídeos);
> » Paleolítico Superior – aproximadamente 30.000 a.C. (pinturas e esculturas, objetos feitos de marfim, ossos, pedra e madeira);
> » Neolítico – por volta do ano 10.000 a.C. (objetos feitos de pedra polida, início da agricultura, artesanato, construção de pedra e a primeira arquitetura), de 5.000 até 3.500 a.C. surge a idade dos metais; no final desse período acontecem o desenvolvimento da metalurgia, o surgimento de cidades, a invenção da roda, da escrita e do arado de bois.
>
> Apesar dessa periodização clássica, a pré-história não precisa ser considerada uma época que se perdeu no tempo, mas algo que diz respeito ao estilo de vida e nível de desenvolvimento técnico de um povo. Essa periodização não funciona para todos os povos e locais. O atual território brasileiro foi povoado por homens entre 40 mil e 50 mil anos atrás. Os primeiros seres humanos que chegaram ao continente americano vieram da Ásia. Chegaram à América, provavelmente, após passarem pelo Estreito de Bering. Foram se espalhando pelo continente até chegarem ao sul e começarem a povoar o território brasileiro. São os homens pré-históricos brasileiros os ancestrais dos índios que habitam até hoje nosso país.
>
> Para saber mais acesse: <http://www.suapesquisa.com/prehistoria/pre_historia_brasil.htm>.

As primeiras civilizações agrícolas e depois as que se constituíram ao longo dos rios e que consolidaram o processo de sedentarização foram criando a divisão do trabalho entre homens e mulheres, entre produtores e os que se dedicavam ao sagrado e à defesa do grupo, entre dominadores e dominados. Era importante conhecer, através da oralidade, as narrativas mitológicas que explicam os fenômenos da natureza associados à força dos deuses. Os deuses já eram uma forma racionalizada de tentar explicar o sentido e a complexidade da vida.

5.3 Divisão social do trabalho e o saber discursivo

À medida que os seres humanos passam produzir não apenas para a sobrevivência cotidiana e começam a produzir excedentes e a propriedade passa a ser um valor social importante, temos o nascimento da escravidão. Para controlar a produção excedente e garanti-la pelo trabalho alheio, surge a escravidão. Um exemplo de escravidão antiga são as sociedades grega e romana.

Um dos elementos mais marcantes na história da cultura é a divisão entre o trabalho manual e o trabalho intelectual, que nas primeiras civilizações já distinguia os limites entre dominadores e dominados, entre governantes e governados. No caso grego temos a contraposição entre *aristoi* (excelentes) e *demo* (povo), que logicamente irá se refletir na educação.

Para os representantes da aristocracia há uma educação avessa à técnica, marginalizando-se toda forma de trabalho manual. Para os dominadores, a educação se dedica ao estudo criterioso do uso da palavra e da argumentação. Há, portanto, desde os gregos, um dualismo educativo que faz com que todo esforço de formação das crianças e dos jovens perpetue a divisão entre as classes. Para os integrantes do povo era destinada uma orientação utilitarista, produtiva, voltada ao que hoje chamamos de mundo do trabalho. A estes resta uma educação não só restrita ao trabalho, mas que se dá nos limites dos instrumentos e nos espaços dedicados ao trabalho.

Embora possamos concordar que não há imobilidade das sociedades nem das culturas, as sociedades pré-históricas, mesmo as antigas como a grega e a romana, e também a sociedade feudal, em comparação com as revoluções artísticas e científicas a partir do Renascimento, podem ser consideradas relativamente estáticas, seja pela rigidez do seu dualismo de classes, seja pelo longo período histórico em que essa rigidez foi predominante.

Das sociedades pré-históricas ao que estamos chamando de sociedades tradicionais, marcadas pela longa duração das suas estruturas, algumas mudanças podem ser percebidas. Observe o quadro comparativo a seguir.

Quadro 5.1 – Comparação entre diferentes tipos de educação

Sociedades pré-históricas/pré-literárias	Grécia e Roma
Transmissão da tradição por imitação e repetição	Educação que prevê a repetição da tradição, mas também a transformação
Linguagem ritualística e oral, saber operacional	Linguagem escrita e saber discursivo
Não há espaços institucionalizados para a educação	Definições de locais específicos para a transmissão e produção de saberes diversos
Predominância do mito	Predominância da racionalidade
Educação familiar	Educação pública, fora da família

Como vimos no Capítulo 3, a formação no mundo grego, a *Paidéia*, se caracterizava por tentar garantir aos cidadãos um tipo de educação que se tornou uma experiência importante, que fundamenta muitos princípios educativos até a atualidade.

Conforme Cambi (1999), a *Paideia* é:"[...] uma educação pública, retirada da família e do santuário, que visa a formação do cidadão e das suas virtudes (persuasão e capacidade de liderança, sobretudo" (p. 86). O cidadão é o interlocutor da cidade, e no centro de sua formação está a palavra criadora de cultura, colocando o sujeito em posição de autonomia moral e intelectual. Saber usar a palavra era fundamental, seja para os filósofos, seja para os sofistas. Platão, por exemplo, afirmará que a palavra é *pharmakon*, isto é, remédio, veneno ou cosmético.

Fique de olho!

A palavra grega *pharmakon* foi usada por Platão para explicar o que ele entendia como o poder da linguagem. Platão considerava que a linguagem pode ser medicamento porque, pelo diálogo e pela comunicação, conseguimos descobrir nossa ignorância e aprender com os outros. Mas a nossa capacidade de expressar ideia pode ser também venenosa, quando somos fascinados pelas palavras e abrimos mão de usar nossa razão. A linguagem pode ser também cosmético, no sentido de ocultar e mascarar a verdade através das palavras. O uso das palavras pode ser fonte de conhecimento, mas também de ilusão e ignorância. Platão foi muito crítico em relação aos sofistas que ensinavam a arte de argumentar sem necessariamente se ter um compromisso com a verdade, que seria uma atitude própria dos filósofos (CHAUÍ, 2003).

O orador, na formação greco-romana, é aquele que reúne em si a capacidade de manejar a palavra, tendo riqueza de cultura e condições sociais e físicas para participar da vida política como protagonista. Segundo Durkheim, em Atenas procurava-se formar espíritos delicados, prudentes, sutis, embebidos da graça e da harmonia, capazes de gozar o belo e os prazeres da pura especulação (DURKHEIM, 1978). Por mais refinado que isso possa parecer, nos faz pensar sobre como esse ideal educativo apenas perpetuava a divisão de classes e a divisão do trabalho, em que todos, senhores e escravos, seguindo os passos dessa educação, estavam fadados a repetir a estrutura social.

Tanto Platão quanto Aristóteles defendiam uma educação cujo princípio fundamental era o ócio, essencial para o homem livre. Não totalmente desmerecidas, as atividades profissionais e a aprendizagem necessária para seu exercício estavam em um patamar inferior.

Em Roma haverá uma pequena variação quando se valorizavam também o espírito prático e a sistematização de escolas divididas por graus e guiadas por manuais. Nessas escolas voltadas para os ricos se aprendia a ler, a escrever e a calcular. Eram as escolas elementares. Mas também havia as secundárias, onde se aprendia geometria, astronomia, oratória e literatura. Os estudiosos consideram que a educação romana era mais utilitária, e havia espaço para escolas de caráter mais técnico para os grupos subalternos na hierarquia social. Nessas escolas eram aprendidos diversas artes e ofícios. Muitos artesãos eram homens livres, e, por isso mesmo, com direitos de cidadania, como não ocorrera na Grécia. Roma instituiu espaços de lazer público como foi o caso da construção do Coliseu, que é um exemplo do que se convencionou chamar da política de "*panis et circenses*" (pão e circo).

Amplie seus conhecimentos

Durante o Império Romano, as lutas de gladiadores, corridas e encenações serviram para desviar a atenção da população que habitava os domínios romanos. Entre 70 e 90 d.C. o Coliseu foi construído ao redor de uma arena central oval onde os gladiadores lutavam até a morte. O Coliseu podia abrigar até cerca de 55.000 pessoas. O fato de reunir a multidão no Coliseu, em Roma, para ver espetáculos sangrentos ficou conhecido como a "política do pão e circo" (ou *panis et circenses*). Por essa política, o Estado buscava promover os espetáculos como um meio de manter os plebeus afastados da política e das questões sociais. Era uma maneira de manipular a população e mantê-la distante das decisões governamentais, divertindo-a.

Você poderá assistir a um vídeo em <http://www.youtube.com/watch?v=ISFjaeOhfhI>, em que é possível saber detalhes sobre a história e os diferentes espaços do Coliseu.

5.4 Cristianismo e educação: o ordenamento do mundo medieval

Sucumbindo aos ideais do mundo cristão, a cultura greco-romana evidentemente deixou raízes profundas no que entendemos por educação. Mas a derrocada do Império Romano e a oficialização do cristianismo provocaram mudanças importantes na forma de pensar e realizar a educação. Foi uma revolução na mentalidade e na forma de se organizar a sociedade, com ideais muito diversos daqueles que haviam norteado a Antiguidade. Essa nova mentalidade terá repercussões consideráveis nas instituições, políticas e educacionais. Como afirma Durkheim (1978, p. 83), na Idade Média a educação era cristã, antes de tudo.

O ideal de homem já é o daquele que adota valores de igualdade, solidariedade e humildade. Há a reinvenção da família e uma nova percepção do mundo do trabalho, que gradativamente deixa de ser apenas o mundo do castigo e da inferioridade social e espiritual. A Igreja assume um papel pedagógico importante, organizando modelos e instituições educacionais. Os mosteiros surgem como um primeiro modelo de escola cristã (Figura 5.2).

Figura 5.2 – Mosteiro de Santa Maria da Vitória (Portugal).

> **Amplie seus conhecimentos**
>
> Uma das comunidades religiosas mais célebres em Portugal foi fundada em 1388 – o Convento de Santa Maria da Vitória, mais conhecido por Mosteiro da Batalha. Os monges que ali habitavam eram estudiosos e faziam parte do alto clero. Nesse mosteiro chegou a existir uma universidade de teologia. As obras do Mosteiro da Batalha se prolongaram por mais de 150 anos, através de várias fases de construção. Desde 1983, o Mosteiro da Batalha integra a Lista do Patrimônio da Humanidade definida pela Unesco.
>
> Para saber mais acesse <http://www.mosteirobatalha.pt/pt/index.php?s=white&pid=173&identificador=bt122_pt>

Se a escola é uma invenção mais recente, a educação das crianças e dos jovens se dava sobretudo no ambiente familiar. A família é o primeiro lugar de socialização. O espaço da mulher é o espaço da família, mesmo que socialmente ela seja invisível e necessariamente subalterna. A mulher fora do espaço da família fica em situação de vulnerabilidade. As crianças também se situam nesse âmbito de vulnerabilidade e tentando sobreviver às doenças, ao abandono, à violência de toda ordem, ao trabalho. Apenas no momento em que as sociedades se organizaram de maneira a diminuir as taxas de mortalidade infantil é que as crianças ganharam mais atenção e receberam maior investimento afetivo e material dos adultos: afinal estavam conseguindo sobreviver (ARIÈS, 2000).

Algo importante na concepção de família é a mudança que a mentalidade cristã introduz, com a ênfase num certo padrão de relacionamento menos baseado na autoridade e mais centrado na afetividade, começando com a própria concepção da divindade, designada como "Pai Nosso". O patriarca, embora ainda remanescente, vai perdendo a característica do pai-patrão, e o modelo de família a ser seguido é aquele estabelecido pela ideia de uma Sagrada Família (Figura 5.3).

Figura 5.3 – *Sagrada família*, de Michelangelo.

Apesar da grande valorização da família, há uma grande ênfase na castidade, representada pela figura do monge, pelo rigor quanto à virgindade e a recusa de relações sexuais improdutivas.

Foi essa mentalidade cristã legitimada pela Igreja que, em grande parte, construiu a identidade do que hoje consideramos mundo ocidental. Essa mentalidade formou os ideais políticos, os critérios econômicos e o imaginário social. A Igreja, enquanto instituição chave, segundo Cambi, reelaborava constantemente esse imaginário social por meio de dogmas e ritos, organizações sociais e culturais, figuras carismáticas e obras de propaganda. Segundo ele, a Igreja foi o "palco fixo" pelo qual se moveu toda a história da Idade Média. A educação visava, nesse sentido, formar e conformar. A dualidade social e educacional do mundo antigo ainda persiste na Idade Média. O mundo medieval nos deixou como herança educacional a mentalidade cristã, mesmo que ainda inserida num contexto laico, e práticas educativas centradas na premiação ou no castigo e na organização dos estudos, ainda possíveis de ser encontrados hoje em muitas instituições escolares.

A Igreja também pode ser considerada uma escola num sentido amplo na medida em que a construção, a decoração e os vitrais de seus templos não eram organizados aleatoriamente. Um exemplo claro disso são as catedrais, com os seus vitrais e seus espaços que remetiam à busca pela espiritualidade. A catedral gótica era o lugar de celebração religiosa e encontros da comunidade. Datados da Idade Média, séculos XII e XIII, os vitrais podem ser comparados à TV de hoje em termos de diversão-informação, quando moradores locais iam às catedrais para vê-los (BARROS, 2002).

As catedrais eram para todos, e, com seus vitrais e seus espaços amplos, eram espaços de contemplação e entretenimento edificante para os fiéis que ali permaneciam (Figura 5.4). Os vitrais das catedrais góticas tinham uma função pedagógica e religiosa destacada. Os vitrais não eram a história escrita que deveria ser lida e imaginada pelos fiéis individualmente, mas uma visão luminosa apreciada em conjunto por uma população iletrada (BARROS, 2002).

Figura 5.4 – Vitral de uma catedral.

Embora devamos reconhecer a experiência medieval como fundamental para a educação, não nos esqueçamos que estamos num contexto de sociedades que mudam numa lentidão que seria, para nós, insuportável. Há rupturas, transformações, evidentemente. Mas as permanências são muito significativas, e isso se deve, sobretudo, a essa mentalidade que vê o mundo como um ordenamento invariável e estático. A ideia de pecado e a expiação necessária são ambos princípios norteados e julgados pela instituição religiosa, que impõe sanções que caracterizam uma sociedade que, para se manter, exige uma educação autoritária, dogmática e conformista. A sociedade feudal é considerada pelos pesquisadores uma sociedade fixa, com escassa mobilidade social. É uma sociedade rigorosamente ordenada, em que os indivíduos têm seus papéis claramente determinados. Tanto a Igreja quanto a família se mostram consideravelmente impermeáveis a mudanças, e são as mantenedoras da tradição carregada de valores uniformes e supostamente invariáveis.

Se o modelo de escola pode ser baseado no mosteiro, é importante que resgatemos o que representava a formação da Cavalaria, que, a partir do século X, passou a seguir princípios de dever moral e ascensão espiritual. Segundo Lopes (2014), a origem mais remota da cavalaria é atribuída às instituições militares romanas.

A Igreja Católica empreendeu, através da cavalaria, um grande projeto de civilização dos costumes de homens cuja força física era considerada inversamente proporcional ao conhecimento e à cultura. O auge da cavalaria foi nos séculos XII e XIII, ou seja, no período já considerado Alta Idade Média (ARIÈS, 2000).

Amplie seus conhecimentos

Para melhor compreensão deste capítulo sugerimos a você que procure assistir ao filme *Cruzada*. Esse filme de 2005 mostra a história de um jovem ferreiro francês que após a morte de esposa e filho se torna cavaleiro e passa a lutar nas Cruzadas, que foram expedições religiosas para reconquistar Jerusalém para os cristãos.

Para melhor compreensão sobre o pensamento medieval, é importante também assistir a vídeos sobre o assunto. Sugerimos o vídeo intitulado *Desvendando o pensamento medieval*, disponível em: <https://www.youtube.com/watch?v=HYGm0PkJm08(desvendando>.

Para um melhor entendimento a respeito da concepção que norteou a construção e utilização dos mosteiros, você pode fazer um passeio virtual pelo Mosteiro de São Bento em São Paulo, que é um registro histórico importante da mentalidade medieval que foi trazida para o Brasil (veja mais em: <http://www.mosteiro.org.br/index2.php?pg=Visita_Virtual.php>.)

Os filhos dos nobres aprendiam, nos próprios castelos as artes da cavalaria, a importância da honra e das boas maneiras. Filhos de trabalhadores aprendiam princípios religiosos e morais. Já aos sete anos, o filho caçula do senhor era enviado para formar-se em outro castelo, onde era colocado como pajem e se exercitava na montaria, no torneio, no combate; iniciava-se também uma educação cortês (de boas maneiras, de código de honra e de amor). Durante a Idade Média, saber selar um cavalo era um elevado saber técnico (LOPES, 2014).

Toda a formação do cavaleiro deveria seguir uma série de deveres e costumes que ditavam a obrigação de crer plenamente nos ensinamentos da Igreja, de ser defensor dos fracos, de proteger a Igreja, de mover guerra sem fim aos infiéis, de cumprir zelosamente os deveres feudais, de ser sempre fiel à palavra dada, de lutar contra o mal e a injustiça.

Poderíamos comparar o cavaleiro medieval a uma espécie de herói em busca de fama e justiça, suportando o sacrifício, a solidão e os rígidos padrões católicos. Sua vida deveria ser norteada pela castidade, pela coragem, pela fidelidade e dedicação, sempre respeitoso e disponível para socorrer as belas damas (LOPES, 2014). Segundo Ariès (2000), seu compromisso, assumido com todos os efeitos de uma missão cristã, era o de proteger a Igreja, as viúvas, os órfãos, os peregrinos, os pobres e os oprimidos.

Vamos recapitular?

Neste capítulo você aprendeu que a educação é uma instituição social criada para garantir a aprendizagem das novas gerações dos conhecimentos e habilidades conseguidos pelos diversos grupos sociais no que diz respeito ao controle da natureza e da produção necessária para a sobrevivência. A educação, assim como as formas de compreensão e representação do mundo, foi abandonando as explicações mágicas e cada vez mais se justificando pela racionalidade.

De qualquer forma, a educação surge como uma das estratégias para garantir a divisão social do trabalho, seja no que se refere à divisão entre trabalho manual e trabalho intelectual, entre homens e mulheres, entre dominados e dominadores, justificando, por exemplo, todas as formas de escravidão conhecidas na Antiguidade.

Traçado esse esboço histórico, o capítulo se detém de maneira mais detalhada no que se convencionou chamar de sociedades tradicionais, aquelas cujo processo de mudança é muito lento e quase imperceptível. Entre essas sociedades estáticas, destacou-se no capítulo a sociedade medieval, marcada pelos ideais da cavalaria, pela formação nos mosteiros e nas catedrais, em que a interpretação religiosa da educação e da família garantiu durante séculos a estabilidade social.

Agora é com você!

1) Passados muitos séculos do início desse ideal cristão de família, os padrões aceitos para o que se considera uma família estruturada no nosso cotidiano ainda se baseiam muito naquele ideal, como é possível perceber nos álbuns de família mais antigos ou mesmo recentes. A partir dessa ideia, faça uma reflexão sobre os elementos que compõem a representação de família presente na figura a seguir:

Figura 5.6 – Uma família cristã contemporânea.

2) No capítulo, é apresentada uma comparação simples entre a educação nas sociedades primitivas e na antiguidade clássica, representada por Grécia e Roma. A partir dessa comparação feita no Quadro 5.1, elabore um quadro comparando a educação em Grécia e Roma com a educação medieval.

3) No Capítulo 2, estudando as categorias marxistas como luta de classes e ideologia, você viu como é fundamental analisar como tem sido importante, ao longo da história, criar mecanismos de ocultamento e justificação da realidade vivida. Destaque como isso se deu em Roma e no mundo medieval.

4) Explique como o capítulo procura mostrar que a divisão entre trabalho manual e intelectual é fundamental para a compreensão das mais antigas experiências educacionais.

6

Nascimento da Escola Moderna

Para começar

O capítulo anterior foi finalizado citando alguns aspectos da formação do cavaleiro medieval. O que abordaremos agora é um processo de desconstrução desse ideal de formação medieval que é próprio das transformações que marcaram a transição da sociedade feudal para a sociedade capitalista.

6.1 A modernidade: as revoluções dentro da revolução

Parodiando e criticando a formação do cavaleiro medieval, temos na obra de Miguel de Cervantes de Saavedra (1547-1616), *Dom Quixote de La Mancha*, a caricatura e a demonstração de um período que se via sendo superado por uma mentalidade que se considerará muito mais avançada que o mundo medieval: a Modernidade com seus ideais burgueses (LOPES, 2014). Podem ser associados ao declínio da cavalaria alguns aspectos do desenvolvimento da técnica que tornaram obsoleta a atividade do cavaleiro. Temos já por volta do século XIII, por exemplo, a utilização da pólvora, surgida na China e introduzida na Europa pelos árabes.

Figura 6.1 – Cavaleiro medieval.

A história de Dom Quixote de La Mancha busca retratar a decadência dos ideais da cavalaria que desde o século XV começaram a ser retratados em romances. Dom Quixote era filho de pais ricos e vai perdendo a sua riqueza e vivendo seus dias lendo romances de cavalaria que narravam as proezas praticadas pelos cavaleiros andantes medievais. Vê nesses romances o exemplo de indivíduos que buscaram na cavalaria uma oportunidade importante nas suas vidas. É evidente que já não se tinham os mesmos ideais, e o próprio Dom Quixote já não era tão jovem para se iniciar nesse ofício. Mas, alucinando a cada dia mais, o velho fidalgo falido resolve viver o seu próprio mundo da cavalaria, seguido por aquele que iria ocupar o papel de seu escudeiro, Sancho Pança. Ambos saíram pelo mundo para fazer renascer os bons e velhos tempos dos cavaleiros. Mas a cavalaria já era considerada coisa do passado.

Fique de olho!

Para melhor compreensão deste capítulo, sugerimos a você que procure assistir ao filme *O incrível exército de Brancaleone*. O filme é considerado um clássico italiano, que retrata de maneira cômica os costumes da cavalaria medieval. É um filme inspirado em Dom Quixote. No enredo, Brancaleone e seus homens enfrentam perigos como a peste negra, os bárbaros e o fanatismo religioso. O contexto histórico do filme é a Baixa Idade Média, época da crise do sistema feudal.

Em contraposição ao cavaleiro medieval, Dom Quixote é dono de um ideal enlouquecido, cuja ingenuidade se pode avaliar e se pode rir de sua insanidade. A obra de Cervantes é colocada entre as obras ligadas ao Renascimento na Espanha.

De Dom Quixote surgiu o adjetivo "quixotesco", caracterizando o indivíduo desligado da realidade. Dom Quixote não percebera as mudanças introduzidas pela Modernidade: as mulheres já tinham mais condições de se defender sozinhas, os fracos e oprimidos são cada vez mais explorados pela lógica do mercantilismo, expandindo-se essa opressão para as terras recém-descobertas e povos escravizados no continente americano.

O fiel escudeiro de Dom Quixote é Sancho Pança, um homem mais prático, mais ligado à percepção e ao oportunismo em relação aos fatos: já está mais próximo do ideal de um homem da Modernidade.

É na Modernidade que podemos apreciar o advento da imprensa e uma revolução nas comunicações e nos ideais educativos. Era importante entrar na sociedade dos letrados. Com a invenção da imprensa, por Gutemberg, há uma popularização dos textos escritos, que não precisam ser mais copiados, como ocorrera até então por meio da tradição dos monges copistas da Idade Média. Os indivíduos passam a ter mais condições de produzir e difundir textos em sua língua materna. Esse será um importante impulso, por exemplo, para as reformas protestantes do século XVI.

Os estudiosos indicam que essa revolução cultural se deu através de diversos fatores articulados entre si:

» O desenvolvimento do comércio e das cidades e consequentemente da burguesia.

» Produção de excedente econômico, que permitiu o financiamento de extensa produção cultural nas artes e na literatura.

» Desenvolvimento de um novo estilo urbano, com novos padrões de civilidade.

» Contato dos europeus com os árabes, que tinham sido os guardiões da cultura greco-romana durante a Idade Média.

» A invenção da imprensa e o início de uma popularização da produção literária.

Procurando sistematizar esse processo de mudança bastante complexo, observe no quadro a seguir como é possível compreender os diversos aspectos da revolução provocada pela Modernidade.

Quadro 6.1 – As revoluções dentro da revolução burguesa

Revolução cultural	Emancipação gradativa da tutela da Igreja Católica (laicização). Crítica à visão estritamente religiosa do mundo. Ideal de progresso através do uso da razão.
Revolução econômica	Decadência do modo de produção feudal, ligado a um sistema econômico fechado, baseado na agricultura, ativando uma economia de intercâmbio, baseada na mercadoria e no dinheiro, no investimento, na produtividade, na racionalização dos recursos naturais, humanos e técnicos. É o nascimento do sistema capitalista.
Revolução política	Nascimento do Estado moderno, que é um Estado centralizado e organizado segundo critérios racionais de eficiência. O poder passa a ser exercido capilarmente pela sociedade, através de um sistema de controle, de uma lógica estatal em que a escola terá importante papel.
Revolução social	Formação, promoção e afirmação de uma nova classe social: a burguesia que nasce nas cidades e promove o processo de revolução econômica capitalista. Essa classe promove novas relações de poder, nova visão de mundo.
Revolução científica e artística	Associa-se o conceito de Modernidade à redescoberta do humanismo greco-romano e ao desenvolvimento do conhecimento científico, cujo exemplo clássico é o feito das navegações e a descoberta do continente americano. A pintura e a escultura convertem-se não só na representação, mas sobretudo em um estudo metódico da natureza.

6.2 Um produto revolucionário: o livro

Até por volta de 1450, só era possível reproduzir um livro copiando os textos à mão. O livro não surge com a invenção da imprensa, mas essa nova forma de produzir o livro, facilitando a sua difusão e leitura, reduzindo o seu custo, é que foi a grande revolução do século XV.

Essa mudança representou uma grande transformação, podemos dizer, na cadeia de suprimentos do livro, mas a cultura do manuscrito e a cultura do impresso não sofreram mudanças radicais, a não ser na relação com o público e a grande necessidade de ter populações letradas.

A cultura escrita incomodou muito as estruturas de poder, que se dissolviam perante a derrocada dos valores medievais em favor de uma formação do indivíduo baseada na racionalidade, na informação e numa visão desencantada do mundo.

A Inquisição, na perseguição aos infiéis, via nos autores e livros que criticavam os ideais da Igreja objetos de perseguição e demonstração pública de sua inconveniência. A Igreja Católica no século XVI, entre suas estratégias de repressão, criou o *Index librorum prohibitorum* que era a lista dos livros proibidos. Hoje, quando defendemos os direitos autorais da produção de um texto, nem lembramos que ser autor de um livro, durante muito tempo, era assumir a culpa por tê-lo produzido.

A proibição e o espetáculo público do castigo exemplar da queima de livros (e até de seus autores) são o avesso do que se chamará de cultura letrada, simbolizada pela alfabetização nas escolas e pela biblioteca, cuja história remonta à Antiguidade (Figura 6.2).

Figura 6.2 – Representação da destruição do livro com o intuito de eliminar suas ideias.

Para Roger Chartier (2003), dos autos de fé da Inquisição às obras queimadas pelos nazistas, a pulsão de destruição obcecou por muito tempo os poderes opressores, que, ao destruirem os livros e autores, pensavam erradicar para sempre suas ideias.

A lista dos livros proibidos só foi abolida pela Igreja em 1966 e sofreu sucessivas atualizações desde que foi criada. Essa lista teve um objetivo inicial de combater a expansão do protestantismo. Nela constavam cientistas, filósofos, enciclopedistas ou pensadores. Apareciam nomes como Galileu Galilei, Nicolau Copérnico, Erasmo de Roterdã, John Locke, Thomas Hobbes, Rousseau, Montesquieu, David Hume e tantos outros que foram considerados os grandes iniciadores do pensamento moderno em diversas áreas do conhecimento.

Vejamos como exemplo um trecho do livro *Elogio da loucura*, escrito no século XVI por Erasmo de Roterdã, ao criticar de maneira veemente e irônica os sacerdotes de sua época:

> Os que mais depressa vão ouvi-los são as mulheres e os negociantes, cujos afetos os exímios pregadores tudo fazem para adquirir. Os negociantes, vendo-se louvados e justificados, concedem-lhes de boa mente uma grande soma de benefícios que não merecem, pois encaram esses donativos como uma espécie de restituição. No tocante

às mulheres, elas possuem inúmeras razões secretas para ter amor aos religiosos, quando não fosse por outros motivos, porque encontram neles um refrigério e um consolo contra os desgostos e o enjoo do casamento (p. 144).

Pensando na imobilidade das sociedades tradicionais, principalmente a medieval, fundada no poder da Igreja Católica, não é difícil imaginar o espanto que textos como os de Erasmo de Roterdã causaram. Apesar do horror que a perseguição a autores considerados proibidos possa nos provocar, na verdade o alcance dessa medida era muito reduzido, principalmente porque ainda havia poucas pessoas alfabetizadas e a proibição caía sobre os livros escritos em latim.

Fique de olho!

O nome da rosa, romance de Umberto Eco publicado em 1980 e transformado em filme em1986, mostra esse processo de mudança em que o livro e a leitura ocupam um papel central. Os poucos que podiam escrever e ainda ler tinham que se adequar às regras da sociedade, que eram avessas à difusão e a discussão do conhecimento. Francis Bacon, um dos principais fomentadores da Modernidade, considerado por muitos o pai da Matemática Moderna, cunhou a frase "conhecimento é poder". Podemos afirmar que essa ideia de uma transformação das relações de poder que passa necessariamente pela produção e difusão do conhecimento ganha contornos muito nítidos com a decadência dos princípios medievais de se viver e de se educar os indivíduos.

6.3 A criança aluno

A Modernidade surge com uma revolução pedagógica (OLIVEIRA, 2014). A infância, quando aparece nos escritos filosóficos da Modernidade, é apresentada na figura de um aluno orientado por um preceptor. Assim é nos *Ensaios* (1580) de Montaigne, na *Didactica magna* (1631) de Comenius e também no *Emílio* (1762) de Rousseau. A invenção da infância na Modernidade se nutre sobretudo do ideal de escolarização.

É evidente que as mudanças surgidas na Modernidade estão relacionadas à retomada do comércio, ao crescimento das cidades, à mobilidade social, às descobertas geográficas decorrentes da expansão marítima. Mas não se deve esquecer que essa Modernidade está associada à criação dos Estados Nacionais e suas políticas de controle sobre toda a sociedade, e a educação surge, efetivamente, como importante instrumento nessa tarefa.

Aos poucos, a escola como a entendemos hoje vai se configurando pelos ideais de ciência e racionalidade. Para que a educação, do ponto de vista da Modernidade? Podemos afirmar que sua finalidade muda, procurando a formação de um indivíduo ativo na sociedade, disposto a romper as milenares formas de ordenamento social baseadas nas tradições e nos laços de família, desejando aliar fé e razão.

Se os lugares privilegiados para a educação das crianças eram a família e a igreja, com a Modernidade intensifica-se a formação na oficina, no exército e na escola. Sofisticam-se também outras instituições de controle social: os hospitais, os manicômios e as prisões. Ou seja, toda essa revolução tem seus limites: os limites do desenvolvimento seguro dos meios e das relações de produção no sistema capitalista nascente. É necessário formar o homem cidadão e o homem produtor. É necessário emancipar o homem dos grilhões da ignorância e da superstição, mas é necessário da mesma forma torná-lo produtivo e integrado à nova ordem. Esses pressupostos são fundamentais na ideologia burguesa em formação na Modernidade.

Michel de Montaigne, em seus *Ensaios,* deixa claro o que entende por educação necessária em sua época:

> Quereria que ele (o preceptor)[...] logo de início, embora tendo em conta a idade e a personalidade de seu aluno, começasse a fazê-lo apreciar as coisas, escolhê-las e discernir sobre si próprio[...] Quero que escute o seu discípulo falar por seu turno [...] Que não se limite a pedir-lhe as palavras da sua lição, mas do sentido e da substância, e que avalie os progressos que ele tenha feito, não pelo testemunho de sua memória, mas pelo da sua vida [...] Que tudo lhe faça passar pela peneira e nada aloje na sua cabeça por simples autoridade e crédito (MONTAIGNE, 1995).

Analisando esse trecho dos *Ensaios* de Montaigne, podemos identificar valores educacionais importantes a partir da Modernidade e que, em grande parte, são considerados importantes até nossos tempos.

» O educador deve considerar o que é específico da infância: a idade do aluno, seu comportamento, sua forma de ver as coisas.

» Percebe-se já a ideia de que há um mundo da criança a ser conhecido e respeitado. O aluno deve ser ouvido, e se reconhece nele a capacidade de escolha.

» O ensino deve exigir menos a memorização e mais o raciocínio e a análise. Mais que repetir palavras, o educando deve compreender o sentido da lição, que não se deve basear na força da autoridade seja da tradição, seja do professor, mas que tenha como ponto de partida a experiência do aluno.

Isso pode nos parecer simplesmente óbvio, mas não se pensava assim antes que se pudesse instituir de maneira sólida os ideais da cultura renascentista e burguesa: a valorização das capacidades humanas, o uso da razão em detrimento da tradição, a nobreza baseada nos conhecimentos e na erudição mais do que na história familiar. É toda uma revolução que tem como pano de fundo o desenvolvimento do capitalismo em sua fase mercantil.

A preocupação com a educação das crianças é uma preocupação com o aprofundamento da civilidade, do saber se comportar no espaço público e entrar no mundo dos adultos pelo letramento.

Montaigne, ao dissertar sobre a educação das crianças, considera que "geralmente a criança não deva ser educada junto aos pais. A sua afeição natural enternece-os e relaxa-os demasiado" (1996, pp. 153-154). Assim, a ideia do preceptor já aparece defendida, e o escrito de Montaigne se dirige a ele.

Tanto em Montaigne como em Rousseau a criança tem de ser habilitada para se constituir em criança-aluno. Há muitas correspondências entre Montaigne e Rousseau enquanto formuladores de pressupostos básicos para os preceptores: a distância crítica em relação ao mestre-escola, o incentivo à criatividade e à livre expressão das crianças, a pedagogia ativa que se alimenta do valor da experiência sensorial, da ação antes da extensão do vocabulário para desenvolver uma infância sadia e vigorosa.

Defendendo um ideal bastante estrito de civilidade, o autor dos *Ensaios* admite que é preciso evitar como inimigas da sociedade todas as particularidades e originalidades de nossos usos e costumes (1996, p. 165). É necessário que o educando, em vez de cultivar hábitos isolacionistas, tenha uma conduta que se acomode aos costumes e que seja capaz de frequentar qualquer sociedade, no estrangeiro como em sua terra (p. 165). Ainda que considere que o jovem assim formado saiba suportar desregramentos e excessos, Montaigne privilegia a aquisição da civilidade pelos exercícios físicos e espirituais que desenvolvam "como a parelha de cavalos atrelados ao mesmo carro" as duas parcelas do todo do qual o homem é feito: o corpo e o espírito (BATISTA, 2010).

Podemos observar que nesse período, a despeito da revolução causada pela imprensa, Montaigne e mais tarde Rousseau desejarão uma educação que não forme apenas um "asno carregado de livros" (p. 174).

6.4 Técnica e educação

Podemos afirmar que quem pensou pela primeira vez em um sistema de ensino foi Comenius, cujo ideal era ensinar tudo a qualquer um.

Comenius é considerado o iniciador da história da didática, ou do conhecimento de como é possível ensinar e educar os indivíduos. Comenius (1592-1670) vem contribuir com a criação da *Didactica magna*, uma nova metodologia de ensino que se opunha às práticas da Igreja Católica medieval.

Figura 6.3 – Comenius.

Comenius propôs um ensino unificado, realista e permanente, além de rápido e econômico. Ou seja, podemos frisar que em Comenius surge a primeira ideia um tanto tecnicista de eficácia e eficiência na educação. Um pouco diferente de Jean-Jacques Rousseau, para quem educar era também perder tempo.

A novidade de Comenius, quando o comparamos a Rousseau e a Montaigne, é uma visão mais universalista da educação na medida em que defendia a sua extensão a todos: ricos, pobres, mulheres, portadores de deficiências. Defendia uma natureza humana educável e dotada de inteligências diversas. Essa ideia quase de uma educação inclusiva não está presente em Montaigne nem em Rousseau. O Emílio, de Rousseau, tem de ser forte e saudável: não se pode confundir a função de preceptor com a de um enfermeiro. A mesma linha de raciocínio aparecerá em Montaigne, quando utiliza uma criança deformada como metáfora para a instabilidade do Estado na sua multiplicidade de partidos.

Podemos estudar esse esforço educativo em seus diferentes graus de ampliação da escola e da formação para diferentes classes sociais e indivíduos, mas um dilema que se acentua na Modernidade é a discussão e mesmo o embate social sobre a finalidade da educação: se para libertar ou para conformar, para adaptar o sujeito ou para promover a sua emancipação.

Vamos recapitular?

O presente capítulo traçou um panorama das revoluções que marcaram a transição do feudalismo para o capitalismo, dando ênfase à revolução cultural que trouxe novas formas de se compreender os cuidados com as crianças e a educação. A Modernidade, nesse sentido, teve grande contribuição, em termos educacionais, do pensamento de Jean-Jacques Rousseau, Michel de Montaigne e Comenius.

No capítulo é abordado o que significou o surgimento do livro impresso na Modernidade e como a cultura escrita incomodou muito as estruturas de poder, que se dissolviam perante a derrocada dos valores medievais em favor de uma formação do indivíduo baseada na racionalidade, na informação e numa visão desencantada do mundo.

O capítulo apresenta como os valores burgueses determinaram a definição de lugares privilegiados para a educação das crianças, ampliando o universo da família e da igreja para a oficina, o exército e a escola.

Agora é com você!

1) Montaigne, em seus *Ensaios*, afirmou que "só os loucos têm certezas absolutas e não mudam de opinião". Relacione essa frase de Montaigne ao que você viu sobre a educação nas sociedades tradicionais e as mudanças de mentalidade decorrentes da evolução do modo de produção capitalista. Para isso você precisará ler este capítulo e rever o capítulo anterior sobre a educação nas sociedades tradicionais.

2) Retome, no Capítulo 2, como foi apresentado o conceito de desencantamento do mundo conforme Max Weber e faça um comentário sobre isso.

3) Montaigne e Rousseau são considerados importantes pensadores sobre a infância e a educação, inaugurando um saber específico sobre as crianças e a necessidade de educá-las segundo princípios previamente planejados. No entanto, comparando com Comenius, nem Montaigne nem Rousseau formularam uma ideia de educação para todo tipo de criança. Como o texto aborda essa questão?

4) Com a Modernidade nascem os princípios da pedagogia ativa. Quais são esses princípios?

5) Com a invenção da imprensa e as perseguições da Inquisição, surgiram na Modernidade os debates e interdições relativos à autoria das obras que deveriam ser publicadas ou não. Comparando com o contexto histórico da Modernidade, debata com seus colegas sobre como a questão da autoria aparece nos dias atuais, considerando o avanço das tecnologias da informação e da comunicação.

7

Educação Para Quê?

Para começar

Este capítulo procura abordar as diversas perspectivas sobre as finalidades da educação, recuperando a expectativa da crescente racionalização no domínio da natureza nos primeiros momentos da civilização, passando pela gradativa valorização da formação dos trabalhadores. Discute as contradições dos objetivos educacionais na medida em que, apesar do esforço de universalização da escola, ainda no século XXI é grande o contingente de indivíduos não escolarizados. A ideia que atravessa todo o capítulo é a de refletir como a finalidade da educação tem que superar uma abordagem mais adaptativa e avançar pela busca da emancipação. Nesse sentido, o capítulo procura trazer à luz o analfabetismo funcional, as dificuldades da alfabetização de adultos e as novas demandas da sociedade em função da necessidade da alfabetização digital.

7.1 Educação para quê?: entre o *Homo faber* e o *Homo ludens*

Para Adorno e Horkheimer (1985), diferentemente dos pedagogos, o problema de priorizar a adaptação na educação não é um problema metodológico, mas diz respeito à forma como a civilização ocidental se constituiu. No livro *Dialética do esclarecimento,* eles retomam a histórica proscrição da *mímesis,* ou capacidade e mesmo necessidade que as crianças e os animais têm em imitar:

> Inicialmente, em sua fase mágica, a civilização havia substituído a adaptação orgânica ao outro, isto é, o comportamento propriamente mimético, pela manipulação organizada da *mímesis,* por fim, na fase histórica, pela práxis racional, isto é, pelo

> trabalho. A *mímesis* incontrolada é proscrita. O anjo com a espada de fogo, que expulsou os homens do paraíso e os colocou no caminho do progresso técnico, é o próprio símbolo desse progresso. O rigor com que os dominadores impediram no curso dos séculos a seus próprios descendentes, bem como às massas dominadas, a recaída em modos de vida miméticos – começando pela proibição de imagens na religião, passando pela proscrição social dos atores e dos ciganos e chegando, enfim, a uma pedagogia que desacostuma as crianças de serem infantis – é a própria condição da civilização. A educação social e individual reforça nos homens seu comportamento objetivamente enquanto trabalhadores e impede-os de se perderem nas flutuações da natureza ambiente. Toda diversão, todo abandono tem algo de mimetismo. Foi se enrijecendo contra isso que o ego se forjou. É através de sua constituição que se realiza a passagem da *mímesis* refletora para a reflexão controlada (p. 168).

Aprender por imitação ou brincar imitando é um tipo de comportamento humano que comumente é associado aos animais, às crianças e aos artistas (Figura 7.1). É uma fase do ensino e da aprendizagem a ser superada.

Civilizar-se está associado a romper com a imitação dominar a natureza, transformando-a através da racionalidade. Nessa lógica, na proscrição da nossa capacidade mimética (de nos perdermos nas flutuações da natureza ambiente), haverá uma desqualificação da brincadeira, da arte, em detrimento de um saber dito mais racional e objetivo. Desacostumar as crianças de serem infantis, menosprezar ou mesmo perseguir atores, proibir imagens na religião são identificados, por Adorno e Horkheimer, como perseguição a esse prazer quase animal que temos na imitação. A questão que se coloca é: por que isso?

Figura 7.1 – A brincadeira no comportamento de homens e animais.

Segundo esses criadores da Teoria Crítica da Sociedade, a brincadeira é separada do estudo e do trabalho para construirmos a ideia de ego, de personalidade, de indivíduo controlado e bem-adaptado à sociedade. O *Homo ludens* fica assim superado pelo *Homo faber*. A história da civilização de um ponto de vista racionalista procura celebrar muito mais o *Homo faber*, construtor de instrumentos e ligado sobretudo ao trabalho, do que o *Homo ludens*. Essa distinção e mesmo polarização fazem com que se defenda mais a racionalização sem sentido que a própria razão, na qual estão incluídas também as capacidades de imaginar, criar, brincar, manipular e transformar, trazendo à luz o que ainda não existe.

> **Fique de olho!**
>
> O historiador Johan Huizinga (1872-1945) escreveu uma obra muito importante chamada *Homo ludens*. Nela, ele defende a ideia de que o jogo é uma prática originária e uma das noções mais primitivas e profundamente enraizadas no ser humano. Seria brincando, imaginando e jogando que teria nascido a cultura nas dimensões do ritual e do sagrado, surgindo daí a religião, a linguagem, a arte. O jogo seria mais originário que a própria ideia de cultura, já que nessa ideia destaca-se o afastamento do homem com relação ao animal. O jogo os aproxima. Por haver essa aproximação entre a natureza e a cultura através do jogo, da brincadeira, do lúdico, a educação ao longo do tempo tem sido marcada pelo controle do corpo e do pensamento em que brincar, rir, dançar, se divertir aparecem como opostos a trabalhar e estudar.

7.2 Educar para quê?: adaptar ou emancipar

A pergunta *educação para quê?*, além de ainda recentemente formulada, é difícil de responder, e cada época tentou dar a sua resposta. Discutindo essa questão, Adorno compara a pergunta a uma anedota infantil: a centopeia, perguntada como e quando movimenta cada um de seus pés, fica inteiramente paralisada e incapaz de avançar um passo sequer (ADORNO, 1996). Mas que pergunta inconveniente! A educação sempre esteve ou procurou estar esclarecida e consciente sobre para onde vai e se todos os seus pressupostos estão sincronizados nessa direção previamente planejada. Esse é um terreno de contradições e de conflitos que são mais complexos que uma divisão entre boas intenções e verdadeiras ações, entre teoria e prática. Diz respeito à dinâmica social, ao desenvolvimento econômico e às lutas pelo poder.

Como vimos nos capítulos anteriores, a educação só muito recentemente começou a ser pensada para a maioria das pessoas, sem distinção de classes. Vimos que o processo civilizador, desde seus primórdios, foi acompanhado de uma rígida divisão do trabalho em que as atividades manuais e estritamente técnicas tiveram uma valorização menor nos diferentes grupos, ficando o trabalho considerado intelectual para os grupos dominantes, fossem eles sacerdotes, senhores ou cidadãos.

A pergunta que este capítulo coloca é uma pergunta que nasce com a modernidade em decorrência da necessidade da formação de contingentes urbanos voltados ao comércio, ao artesanato, à manufatura e posteriormente, com o desenvolvimento das forças produtivas na formação das massas de trabalhadores e consumidores.

Se o trabalho braçal foi destinado aos setores marginalizados e destituídos do poder político nas mais diversas sociedades, o processo de industrialização coloca como problema a formação para o trabalho.

As sociedades industrializadas contemporâneas ou em processo de industrialização, como ocorreu no Brasil a partir dos anos 1930, tiveram de lidar com os desafios da escola obrigatória para todos os indivíduos já desde a mais tenra infância. Vimos nos capítulos anteriores como com a criação dos Estados Nacionais, a consolidação da vida nas cidades e uma mudança cultural significativa com a derrocada da supremacia do pensamento religioso as famílias passam a cada vez mais a dividir com o Estado a responsabilidade e o trabalho de formação das novas gerações (ARIÈS, 1973).

Trata-se de adequar os indivíduos à nova ordem política e econômica, e essa necessidade surge a partir do século XVIII, com os ideais da Revolução Francesa e as demandas de produção decorrentes da Revolução Industrial.

À escola, nessa nova estrutura, cabe a tarefa de contribuir para que os indivíduos tenham alguma perspectiva para além da sua origem familiar. A mobilidade social e o desenvolvimento das capacidades individuais e humanas são premissas básicas da ideologia burguesa e capitalista, que vê na instrução uma forma de acesso às diversas formas de produção e consumo decorrentes do desenvolvimento técnico e científico.

> ### Lembre-se
>
> No Capítulo 4 foi apresentado o conceito de semiformação, construído a partir das discussões da Teoria Crítica da Sociedade. Antes que pudéssemos falar seriamente da democratização da cultura e da indústria cultural, os pensadores da Teoria Crítica da Sociedade já nos alertavam que o fascismo tenta organizar as massas proletárias recém-surgidas sem alterar as relações de produção e propriedade que tais massas tendem a abolir.

A necessidade da educação das massas, antes relegadas sem muitos embates, ao analfabetismo, é algo que se coloca como algo materialmente definido por conta das condições de trabalho, do desenvolvimento das cidades e da difusão da informação. Mas essa necessidade coloca-se como argumento para que seja não só a adaptação, mas a emancipação dos indivíduos e coletividades.

Digamos que as sociedades modernas e contemporâneas colocam em debate o problema da emancipação na educação, algo que nas sociedades tradicionais não chegava a ser, verdadeiramente, um problema. As massas trabalhadoras e consumidoras passam a exigir direito de voz, de voto no processo político da sociedade e poder de consumo. São educadas para perceber e esperar que a educação lhes abra novas perspectivas e espaços. Nesse sentido, a popularização da escola é um indicador do grau de democracia de uma sociedade.

No momento, é politicamente correto reivindicar a educação como possibilidade de concretizar a democracia. A educação se associa à democratização da cultura, e a produção cultural em massa passa a ser uma realidade, com o advento da fotografia, do cinema, do rádio e da televisão.

Considerar que a expansão da sociedade de consumo é equivalente à democratização da educação, é permanecer no terreno da adaptação. Conforme afirma Adorno, dizer que a técnica e o nível de vida mais alto redundam, sem mais, em favor da formação cultural é uma pseudodemocrática ideologia de vendedor (1996).

É importante ressaltar que não existe propriamente uma cultura de massas ou uma educação de massas. Existe sim uma cultura para as massas e uma educação para as massas. Romper com isso faz parte do processo de emancipação e realização efetiva dos ideais democráticos.

Os bens culturais e os conteúdos educativos são, comumente, esvaziados do seu conteúdo político e transformador. Ora são neutralizados como "clássicos" e "peças de museu", destituídos de sua vitalidade, da promessa de felicidade ou da denúncia do sofrimento que trazem inscritas na sua história, ora são meramente transformados em mercadorias e confinados à pura ostentação dos pseudocultos ou banalizados ao extremo para que as multidões possam compreendê-los e consumi-los na medida certa nos pacotes turísticos, nos *shopping centers*, na literatura de autoajuda. O que não se adapta a essa lógica é considerado ultrapassado, velho e distante da realidade das novas gerações e das novas classes que galgam patamares mais elevados de poder aquisitivo.

A equação "acesso à educação = democracia" é muito simplificada. É preciso confrontar aos termos "educação" e "democracia" a crítica da cultura e do processo civilizatório do qual fazem parte, por exemplo, a expansão e sofisticação das tecnologias da informação e da comunicação.

Compreendemos que a educação não é apenas condição essencial para a democracia, mas o caminho pelo qual a própria democracia possa ser pensada extramuros dos indicadores apenas quantitativos das estatísticas governamentais. Também é necessário pensar a democracia para além da elevação do padrão de vida das classes e da quantidade de bens culturais a elas destinadas.

Fique de olho!

No primeiro semestre de 2014 surgiu nos meios de comunicação e nas escolas a polêmica em torno de um projeto apoiado pela Lei de Incentivo à Cultura (Lei Rouanet) para adaptar obras de Machado de Assis para uma linguagem atual. A proposta é atualizar essas obras cujo vocabulário é do século XIX e supostamente inacessível para os alunos do ensino fundamental e médio brasileiro. Os limites entre a simplificação e a banalização são muito difíceis de precisar, e professores alegam que o risco é subestimar a capacidade do jovem de compreender tramas e linguagens mais complexas e, com isso, piorar a já tão comprometida linguagem dos alunos, quase sempre limitada às expressões usadas nas redes sociais e veiculadas pelos meios de comunicação de massa. E você, o que acha? A adaptação dos clássicos da literatura para facilitar o seu acesso é uma atitude válida? Contribui ou não com a formação dos estudantes?

7.3 Acesso à educação no século XX: alfabetizar é preciso

A promessa da sociedade burguesa de seres livres e iguais postulou a ideia de uma formação cultural atrelada à existência da autonomia, dificilmente conquistada nas circunstâncias sociais e econômicas existentes. Uma sociedade emancipada com indivíduos autônomos dispensaria as técnicas de vigilância e de padronização de comportamentos, e, segundo Adorno, "não seria nenhum Estado unitário, mas a realização efetiva do universal na reconciliação das diferenças" (ADORNO, 2008).

Lidar com as diferenças tem sido um grande desafio educacional. Os mais pobres, os negros, as mulheres, as pessoas com necessidades especiais vão sendo paulatinamente integrados às políticas de expansão da educação depois de séculos de segregação. Na segunda metade do século XX, os mais pobres, recém-chegados à escola, eram responsabilizados pelo fracasso escolar. Criava-se, assim, a teoria do déficit educacional que poderia ser minimizado com métodos adequados de estímulo-resposta. Por trás desses argumentos, identificamos a busca de uma formação educacional dissociada da educação política. Educar para adaptar, sim. Para emancipar, nem tanto.

No século XX, graças ao desenvolvimento das forças produtivas e das lutas sociais, o esforço de ampliação do acesso à educação saiu dos discursos e dos simples ideais para compor as políticas públicas dos países.

Na primeira metade do século, as discussões sobre como diminuir o déficit educacional das massas trabalhadoras centravam se na Europa e ocorreram, sobretudo, entre as duas guerras mundiais. Como alfabetizar o grande contingente de analfabetos? A principal resposta dada a essa questão dizia respeito à metodologia de ensino, procurando-se escolher qual seria o melhor método para alfabetizar com sucesso. No período seguinte, do pós-guerra, aumenta consideravelmente a integração dos negros na sociedade e nas escolas. O período é marcado pela luta contra a segregação: as crianças negras eram as mais pobres e as que mais apresentavam dificuldade no processo de alfabetização.

O desafio passa a ser compreender os motivos do fracasso escolar. A explicação do fracasso escolar, entre os anos 1960 e 1970, deu origem às teorias do déficit que justificavam as dificuldades de aprendizagem na falta de habilidades específicas das crianças referentes à motricidade e ao hábito.

Educação Para Quê?

É uma época centrada nas estratégias de estímulo-resposta e no desenvolvimento motor através de exercícios e cópias. A tendência marcada pelo uso das máquinas de ensinar e pelas cartilhas de alfabetização é o que chamamos de tecnicismo educacional, que será abordado no Capítulo 8. É época do beabá e das frases como "o bebê baba", "a uva é da vovó" utilizadas para alfabetizar.

A cartilha pode ser considerada um produto técnico educacional avançado para sua época. As primeiras cartilhas para alfabetização foram publicadas no Brasil no final do século XIX, e eram defendidas por educadores e intelectuais renomados (FRADE; MACIEL, 2006). Tendo como pressupostos a repetição e a memorização de conteúdos e a simples decodificação das letras do alfabeto, a cartilha foi um importante instrumento para alfabetização das crianças. Atualmente superadas, as cartilhas eram importante avanço educacional. Era uma forma de alfabetização que, a despeito da banalização dos seus conteúdos e da desvinculação com o contexto sociocultural da criança, se baseava na imagem e na imitação. A criança aprendia a identificar a letra "j" de "jarra" e a identificar essa letra "j" no desenho da jarra, por exemplo. A criança aprendia a desenhar a letra antes mesmo de compreender o seu sentido. Os textos das cartilhas eram similares a trava-línguas, como aparece, por exemplo, na "lição da jarra": "Jiji jogou a cajuada da jarra."

Mas para se ter uma ideia do alcance desse material didático, a cartilha *Caminho suave*, muito popular nos anos 1960 e 70, é "uma senhora" com cerca de 50 anos, já tendo cerca de 40 milhões de exemplares vendidos. Uma das principais críticas feitas às cartilhas de alfabetização é o seu tecnicismo, a partir do qual alfabetizar significa treinar a criança a decodificar letras e não compreender o uso social da língua.

A partir dos anos 1970, com os estudos de Jean Piaget e seus discípulos, passou-se a discutir mais as teorias da psicologia do desenvolvimento e as explicações para o ensino e a aprendizagem a partir das fases de desenvolvimento da criança. Na América Latina, o fracasso escolar tinha se configurado como grave problema social, e os estudos de Emília Ferrero se destacaram no sentido de tentar entender como a criança aprende a ler e a escrever, algo que está menos ligado ao método do que ao seu desenvolvimento sociocognitivo.

A esse movimento educacional que procurou se fundamentar nas obras de Jean Piaget e do psicólogo russo Lev Vygotsky (1896-1934) se dá o nome construtivismo. Sua força teórica traduzida em proposta metodológica se fez sentir durante um bom tempo no cenário educacional. Defenderam-se muito suas possibilidades sem avaliar os seus limites. Nos primeiros anos do século XXI, já se vive a época da desconstrução do construtivismo, levando em consideração os indicadores insatisfatórios do sistema educacional no Brasil e em outros países em que foi adotado pela comunidade escolar.

7.4 Educação para quê?: alfabetizar ainda é preciso

Depois de muitos anos de esforço contínuo das políticas públicas em alfabetizar o maior número de pessoas, há lugares do mundo, como no Brasil, em que essa batalha ainda não foi vencida. Por outro lado, apesar de alfabetizadas, as massas apresentam o problema do analfabetismo funcional e a necessidade de correr velozmente para diminuir o analfabetismo digital.

Avaliação feita em 2000 pela Unesco revelou que, em todo o mundo, mais de 113 milhões de crianças continuavam sem acesso ao ensino primário e 880 milhões de adultos eram analfabetos. Além desses indicadores, foram reveladas a discriminação de gêneros e a dificuldade das escolas em oferecer o ensino e a aprendizagem necessários para seus frequentadores.

O Brasil tem conseguido diminuir o número de analfabetos, mas esse esforço ainda não tem sido o suficiente. Os avanços das taxas de alfabetização no Brasil observados desde 1990 indicam que o número de alfabetizados com 15 anos ou mais aumentou de 88,5% para 90,3%. Em 2000, a Unesco reafirmou o grande objetivo da educação: "educar todos os cidadãos de todas as sociedades", reafirmando a Declaração Mundial de Educação para Todos (1990), pela Declaração Universal de Direitos Humanos e pela Convenção sobre os Direitos da Criança. Essa universalização da educação foi expressa nos seguintes termos: toda criança, jovem ou adulto tem o direito humano de se beneficiar de uma educação que satisfaça suas necessidades básicas de aprendizagem, no melhor e no mais pleno sentido do termo e que inclua aprender a aprender, a fazer, a conviver e a ser (UNESCO, 2014).

De uma forma mais específica, os objetivos educacionais a serem alcançados até 2015 foram assim elencados:

» expansão e melhora da educação das crianças pequenas;

» acesso à educação primária para todas as crianças, com atenção especial às meninas e crianças em situação de vulnerabilidade social;

» acesso à educação adequada para jovens e adultos;

» diminuição de 50% dos analfabetos no mundo, especialmente os indicadores relativos às mulheres;

» eliminação da disparidade de gênero na educação primária e secundária;

» melhoras substanciais na qualidade da educação para todos.

O documento da Unesco, em 2000, considerava que naquele momento muitos governos, nos diferentes países, não dão à educação a suficiente prioridade em seus orçamentos, ou mesmo não utilizam adequadamente os recursos disponíveis, preferindo subsidiar grupos abastados em detrimento dos pobres. Como sabemos, a mudança dessa situação, se existe, é pouco perceptível.

7.5 Alfabetização dos trabalhadores

No início de 2014, foi revelado, em Relatório elaborado pela Unesco (2014), que o Brasil está entre os dez países com mais adultos analfabetos em todo o mundo. Este é um momento de avaliação, passados catorze anos da reafirmação de algumas metas educacionais elencadas pela Unesco.

Para Ciavatta (2007), o sentido da educação como capacidade de conhecer e de atuar, de transformar e de ressignificar a realidade pode estar oculto na negativa secular da educação do povo na sociedade brasileira, sempre escamoteada, por um meio ou outro, na sua universalização. Ou seja, buscam-se os indicadores quantitativos, mas se poderia ter avançado mais se essa educação tivesse uma perspectiva mais ampla.

Foi para diminuir esse antigo cenário que se destacaram as reflexões e experiências de Paulo Freire, ainda nos anos 1960. Em 1963, em Angicos, cidade localizada a 170 km de Natal, capital do Rio Grande do Norte, Paulo Freire foi o supervisor de uma experiência de alfabetização de adultos que ficou conhecida como "40 horas de Angicos". Com essa experiência de alfabetização, Paulo Freire pretendia despertar naqueles indivíduos, cerca de 300 pessoas, a convicção de seus direitos políticos e que era possível que se alfabetizassem a partir de suas próprias experiências de vida e de trabalho.

Por exemplo, se você é um pedreiro, sabe da importância dessa tarefa, lida diretamente com tijolos, conhece sua necessidade e materialidade. Por que você, que é conhecedor e tem habilidades nesse aspecto, não pode compreender a linguagem escrita, e não só ela, mas as relações de poder que garantem a exclusão do trabalhador, seja do letramento, seja dos direitos garantidos pelo seu trabalho?

Figura 7.2 – Alfabetização dos trabalhadores.

Esse tipo de aprendizagem, indissociável da formação política, era pautado em palavras geradoras, ou seja, ligadas ao cotidiano e à forma de sobrevivência. A partir dessas palavras geradoras, o indivíduo começa a ampliar seu repertório linguístico e também de visão de mundo (FREIRE, 1979).

As teorias que tentavam explicar o fracasso escolar partiam do pressuposto de que o indivíduo deve aprender algo que já está pronto e que precisa ser meramente transmitido ao sujeito, que, nesse caso, é apenas um objeto ou um depositório em que se colocam os conteúdos que alguém considera importante que ele reproduza. A conotação de conformação social nesse tipo de concepção é evidente: a de que um ensino distanciado da realidade dos alunos e de seus interesses tem pouca chance de alcançar efetividade.

Quando se fala em fracasso escolar, é preciso ter um certo cuidado. Haveria mesmo um fracasso escolar, mas a forma como os sistemas de ensino, os conteúdos escolares, as aulas, a formação dos professores já não seriam participantes da ineficácia da educação? A partir de Paulo Freire, não é possível acreditar que exista alguém em algum lugar pronto para aprender e alguém pronto para ensinar, como se o ensino e a aprendizagem não fossem um processo de construção, de apropriação e por isso de libertação. Ou seja, não basta apenas saber ler e escrever. É preciso fazer uso social e político desse conhecimento na vida cotidiana.

Por isso, a questão "educar para quê?" é fundamental. Se educar significa apenas adaptar, conformar e conformar-se, não se pode falar propriamente de fracasso escolar. Na verdade, é um sucesso.

Segundo, o fracasso escolar é um dado produzido pelas estruturas de poder, para as quais uma educação emancipadora efetiva, e por isso transformadora, seria algo realmente revolucionário. Não é por acaso que Paulo Freire foi, durante a ditadura militar no Brasil, preso e exilado.

Nascido em Recife, Paulo Freire ganhou 41 títulos de *doutor honoris causa* de universidades como Harvard, Cambridge e Oxford. Tendo morrido em maio de 1997, no ano de 2009 a Comissão de Justiça do governo pediu desculpas publicamente pelo seu exílio (INSTITUTO PAULO FREIRE, 2014).

Na perspectiva de emancipação dos indivíduos e de transformação social, a educação precisa adotar como princípios ideias reguladoras e programas de ações que estejam afinados com essa finalidade explicitada (OLIVEIRA e SILVA; LEÃO, 2011; RAMOS, 2010).

O Instituto Paulo Freire desenvolve, no estado do Maranhão, um programa educacional de alfabetização associado a multimeios cuja proposta procura seguir o objetivo de contribuir para a diminuição do analfabetismo no estado, oferecendo espaços de formação a educadores de jovens e adultos, numa perspectiva emancipadora e promotora da justiça socioambiental e cultural. Essa alfabetização multimeios se baseia nas tecnologias que mais facilmente chegam às comunidades locais, o rádio e a televisão. O projeto está associado com a Universidade Virtual do Maranhão. Seus recursos básicos são recursos audiovisuais e cadernos temáticos, além de contar com a veiculação de programas diários de rádio. É uma proposta de continuidade da educação iniciada por Paulo Freire, porém considerando o acesso às tecnologias.

Um dos indivíduos que foram beneficiados pelas experiências de Paulo Freire no Nordeste é Paula Souza, que, relembrando o seu processo de alfabetização, declara que, quando recebeu a notícia do curso de alfabetização de adultos:

> Eu não pensei duas vezes. Fui na hora. Naquela época aqui era só mato. Depois do trabalho a gente seguia para a aula com o caderninho debaixo do braço. Aquilo mudou a minha vida, porque quando a gente não sabe ler a gente não participa de nada, a gente não é ninguém (INSTITUTO PAULO FREIRE, 2014).

Isso nos leva a refletir que a verdadeira inovação a ser implementada pelas novas tecnologias na educação é potencializar o caráter transformador da educação, facilitando não só o acesso, mas a ampliação da visão de mundo de comunidades inteiras alijadas do processo político da sociedade.

7.6 Educar para quê?: letramento na era digital

Ainda que milhares de pessoas, em todo o mundo, permaneçam analfabetas, a expansão e o desenvolvimento das tecnologias da informação e da comunicação produziram um outro tipo de analfabeto: o analfabeto digital.

No momento atual, além do letramento convencional, em suportes materiais como papel e todo tipo de material impresso, temos o desafio de compreender a linguagem utilizada na informática, a linguagem digital, que exige o contato e a habilidade de lidar com uma série de aparelhos e formas de comunicação interativas.

Figura 7.3 – Representação de *e-book*.

O que se exige hoje é o multiletramento, ou seja, a capacidade de ensaiar e aprender, comunicar-se e interagir através de redes sociais, produção em audiovisual, manuseando dispositivos móveis que informam e produzem informações em tempo real. Tão importante quanto saber ler e escrever, estar alfabetizado e incluído digitalmente é uma das formas de exercer a cidadania (Figura 7.4).

Figura 7.4 – Alfabetização digital.

A grande revolução cultural do século XX, a comunicação de massa, encontra-se potencializada pelos recursos das tecnologias digitais. Em tempos de mídias digitais, o processo de letramento não deve mais se restringir apenas aos impressos. Temos, além de novas linguagens, também novos suportes que facilitam a produção e a disseminação de ideias e informações.

Nesse sentido, educar no século XXI também é educar para o avanço tecnológico, o que significa muito mais que aprender a operar e a utilizar novos dispositivos técnicos. Os aplicativos, os *softwares*, as estratégias educativas medidas tecnologicamente surgem velozmente, e a educação não pode ter por finalidade apenas acompanhar esse processo.

É preciso pensar sobre ele, preparar os estudantes para lidar com ele e transformá-lo pensando na importância da sustentabilidade social e ambiental. Inovar, nesse sentido, não é simplesmente usar pedagogicamente novas tecnologias. Se assim fosse, a grande revolução da educação do nosso tempo seria apenas treinar professores e alunos para lidar com novas abordagens de uma antiga situação, sem necessariamente modificá-la (RETC, 2014).

Não basta apenas abastecer os indivíduos e as instituições educativas de equipamentos adequados, formar professores numa perspectiva tecnológica. É necessário pensar sobre porque a educação continua sendo privilégio e não direito para todos.

No contexto da chamada "sociedade de informação", a produção e a difusão da informação e do conhecimento caminham paralelamente à redução das desigualdades sociais. Lembrando a questão norteadora deste capítulo, não se trata de educar do ponto de vista metodológico (como), mas para que educar?

Vamos recapitular?

A partir da questão proposta no final do Capítulo 6, este capítulo tem como pressuposto a discussão sobre as finalidades da educação dentro dos limites da preocupação entre adaptar os indivíduos aos diferentes modos de produção, mas também, sobretudo, das possibilidades de emancipá-los. Para isso, no capítulo são retomadas as leituras que a Teoria Crítica da Sociedade fez quanto ao processo civilizatório e o sentido da educação.

O capítulo faz um resgate dos problemas enfrentados com a alfabetização, mostrando histórico de técnicas, recursos e teorias que foram utilizados para explicar e também para solucionar o déficit educacional e o número de analfabetos. Põe em questão a ideia de fracasso escolar que responsabiliza os indivíduos e determinadas classes sociais pelo baixo grau de escolarização.

O capítulo dá ênfase ao contexto brasileiro, destacando a relevância da experiência e do pensamento de Paulo Freire quanto à alfabetização de adultos, que deve estar associada à formação política e ao pressuposto da emancipação. Ao final do capítulo são introduzidas questões iniciais relativas à alfabetização digital que serão aprofundadas no Capítulo 8.

Agora é com você!

1) O que o capítulo aborda como oposição entre o *Homo ludens* e o *Homo faber*, e que sentido essa oposição teve para a construção da civilização?

2) Qual é a importância de se perguntar pelo sentido da educação em diferentes épocas?

3) O que o capítulo aborda sobre o uso das cartilhas de alfabetização para diminuir os indicadores de analfabetismo no Brasil?

4) O que é alfabetização digital, e por que ela é importante nos dias atuais?

5) Faça um comentário sobre a experiência de Paulo Freire na alfabetização de adultos.

6) Os indicadores da educação permitem concluirmos que há um fracasso escolar da população em função dos altos índices de analfabetismo ou alfabetização funcional. Como essa questão é abordada no capítulo?

7) Assista ao *trailer* do vídeo *A escola serve para quê?*, disponível em <http://www.youtube.com/watch?v=3JZzSed3loMe>, e relacione o seu conteúdo ao conteúdo deste capítulo.

Educação e Tecnologia

8

Para começar

A relação entre a educação e os aparatos tecnológicos atuais é o tema central desse capítulo. Vamos discutir se o uso ou não das tecnologias da informação é um fator importante para a evolução do ensino-aprendizagem. Primeiro, começaremos sobre um conceito de ensino que apareceu no Brasil na época da ditadura militar e que causou e causa ainda muitas discussões: o tecnicismo educacional. Depois, tentaremos entender o aparecimento das tecnologias da informação, com o advento da chamada Revolução da Tecnologia da Informação, e sua especificidade em relação ao modelo da Revolução Industrial estudado anteriormente. Em seguida, veremos como essas tecnologias podem afetar a educação como um todo, trazendo questões sobre inclusão e exclusão digital. Ao final, continuaremos essa discussão sobre os impactos e as implicações das tecnologias informacionais e de comunicação na educação, porém pensando mais especificamente no ensino a distância.

8.1 Sobre o tecnicismo educacional

Lousa, giz, lápis e papel nunca deixaram de ser tecnologias. No entanto, de uns tempos para cá, quando se fala em tecnologia na educação, logo vem à mente o uso da informática nas salas de aula ou longe delas.

Se antes a questão estava em colocar ou não computadores nas escolas, agora resta saber como fazer com que eles sejam ferramentas que, de fato, somem ao aprendizado. Lousas digitais, *tablets* e *softwares* específicos aparecem a cada dia com novidades intermináveis e que parecem prometer a todo momento uma nova revolução no ensino. Mais ainda, estão em processo transformações na própria concepção do ensino-aprendizado, com uma imensa oferta de cursos de educação a distância (EaD).

Mas, será que esses recursos tecnológicos estão disponíveis para todos? E se a sociedade segue cada vez mais um movimento tecnológico informacional, como ficam aqueles que não estão dentro desse movimento?

Toda essa discussão poderia ser iniciada por vários pontos e momentos históricos. Para restringirmos um pouco e irmos mais diretamente ao ponto que nos interessa aqui, partiremos de um período, historicamente mais recente, por volta dos anos 1960 e 1970, período de ditadura militar, quando se disseminava no Brasil uma tendência pedagógica que gerou várias discussões: o tecnicismo educacional.

Elaborada nos Estados Unidos, a educação tecnicista tinha por base a filosofia positivista de Auguste Comte, que vimos no primeiro capítulo, e a psicologia comportamental de Skinner, que partia da análise do comportamento de indivíduos em relação ao ambiente, em experiências de estímulo e resposta.

A ideia básica da educação tecnicista teve origem nas grandes indústrias, em que se buscava a eficiência por meio da técnica priorizando a produtividade. Essa ideia se espalhou para outras áreas da sociedade, como o próprio Estado e a educação.

Tentava-se adequar a educação às exigências industriais e tecnológicas da época. A formação centrava-se nas "competências" e habilidades que os indivíduos deveriam adquirir para o mercado de trabalho. A ênfase está no processo racional, evitando a subjetividade, pois esta atrapalharia a eficiência exigida pelo mercado. Portanto, os processos pedagógicos privilegiavam mais os meios, as técnicas e os recursos disponíveis do que a relação aluno-professor.

Para tanto, era necessário particionar o trabalho pedagógico, ou seja, implementar uma nova divisão de trabalho dentro do sistema escolar. É nesse momento que a entrada de especialistas e técnicos no ensino se dá com maior intensidade. As disciplinas se adaptavam às necessidades do sistema, padronizando planejamentos de acordo com as diferentes modalidades de ensino.

O controle era essencial para o sucesso do que foi planejado. São então criadas várias ferramentas pedagógicas para que o objetivo seja atingido a partir das experiências diretas, como pregava a psicologia comportamental. A educação era definida como aquela que precisaria transmitir os conhecimentos e os comportamentos éticos e morais desejáveis, de forma a manter o controle sociocultural. Nesse contexto, a escola transforma-se em uma agência de ensino responsável por esse controle.

O professor é um técnico, um especialista que conhece profundamente um assunto dado. Planeja suas aulas com objetividade, pensando sempre na teoria do estímulo-resposta-reforço. Portanto, a chave de sucesso está no planejamento: quanto mais detalhado for e quanto mais ele considerar os aspectos comportamentais dos alunos, melhor. A metodologia central é a experiência do aluno. Desse modo, o professor deve preparar suas aulas pensando nos comportamentos iniciais, nos intermediários e nos finais, que preferencialmente possam ser medidos.

Percebe-se que a racionalidade deve ser a guia em todos os momentos para que se evitem ao máximo os erros, quer seja dos alunos quer seja dos próprios professores ao ensinar, já que na indústria a eficácia deve prevalecer. Não é por acaso que esse foi o modelo adotado pelo regime militar, que também necessitava de formação de mão de obra para o mercado. No entanto, ainda hoje práticas como a do tecnicismo educacional são utilizadas.

É nesse período que tecnologias começam a entrar definitivamente na sala de aula, tais como retroprojetores, *datashows*, aulas em vídeo, apresentações em *slides*, entre outras, até a chegada dos computadores pessoais.

Aí é que começa a confusão. As críticas ferozes ao tecnicismo educacional se iniciaram, justamente, pelas discussões em relação ao caráter autoritário de sua implementação, à "escola-quartel", às regras restritas e pouco estímulo à criação e à liberdade expressiva. A questão da falta de mão de obra qualificada foi resolvida de uma maneira a empobrecer a formação para a sociedade de indivíduos livres, inventivos e com capacidade política questionadora. Ou seja, para os críticos, uma complexidade como a que surgiu em função da demanda da indústria foi solucionada de maneira tímida e reacionária, mantendo os valores sociais que interessavam às classes dominantes.

No entanto, críticas menos sagazes deslocaram o foco para a utilização da tecnologia, confundindo o tecnicismo com o uso de tecnologia. Isso pode ser um equívoco, pois provavelmente esse seria um dos aspectos positivos da época da implementação do tecnicismo educacional, qual seja, não deixar que as tecnologias contemporâneas fizessem parte do espaço da educação.

Como veremos mais adiante, o problema maior não está no uso ou no não uso de uma determinada tecnologia. Você pode ter uma educação ruim ou autoritária usando lousa e giz ou computador e internet. Também, isso não significa que as tecnologias, sejam elas quais forem, são relativas, não têm influência nenhuma no conteúdo trabalhado. O problema é entender quais são essas influências, como elas funcionam, de forma a fazer com que as tecnologias e a educação caminhem juntas efetivamente.

8.2 Chegada das tecnologias da informação

Como vimos, de certa forma o tecnicismo educacional atravessou de uma matriz tecnológica baseada na indústria, partindo dela, para outra matriz centralizada no aparecimento das tecnologias da informação. Talvez por isso mesmo, além das críticas recebidas por causa do seu caráter autoritário, sustentar seus conceitos básicos seja impossível nos dias atuais, até por as próprias características das tecnologias industriais serem diferentes das informacionais.

É inegável que as Revoluções Francesa e Industrial tiveram imensa repercussão na vida social nos países ocidentais. Mas vivemos um outro momento, em que o motor de condução da sociedade não é mais impulsionado pela mecânica, pelas máquinas energéticas, como na Revolução Industrial, e sim por máquinas eletrônicas e informacionais, por computadores, pela internet, por tecnologias de informação e comunicação.

Hoje, em razão do poder de transformações que isso trouxe à sociedade, convencionou-se classificar esse momento histórico também como uma revolução, como a Revolução da Tecnologia da Informação, para usar um termo adotado pelo sociólogo Manuel Castells.

Para ele, o que caracteriza a atual revolução tecnológica não é o fato de o conhecimento e a informação serem centrais, mas "a aplicação desses conhecimentos e dessa informação para a geração de conhecimentos e de dispositivos de processamento/comunicação da informação, em um ciclo de realimentação cumulativo entre a inovação e seu uso" (CASTELLS, 2000, p. 51).

O que Castells quer dizer com "ciclo de realimentação cumulativo entre inovação e seu uso"? É importante entender o que isso significa para compreendermos o funcionamento da lógica das tecnologias informacionais na sociedade contemporânea e, por consequência, na educação e no trabalho.

Quando fala em realimentação, Castells refere-se ao conceito de *feedback* conforme usado na cibernética, ciência fundada pelo matemático norte-americano Norbert Wiener. Um sistema, como um circuito, se realimenta a partir de sinais da saída que vão para a entrada. Se pensarmos a própria internet como um circuito de informações, ela se realimenta constantemente de novas informações que seus usuários ali depositam, e isso acontece de forma *cumulativa*.

Educação e Tecnologia

É um processo que envolve a conjunção entre a tecnologia e os humanos. Ao mesmo tempo, novas tecnologias são construídas para facilitar essa realimentação do circuito, tais como redes sociais, *blogs*, maneiras de acompanhar eventos ao vivo, entre outras. O espaço de tempo entre a criação dessas tecnologias e seu uso é cada vez mais curto, a velocidade é muito maior. É isso que Castells quer dizer com "entre a inovação e seu uso". Para dar um exemplo simples, lembremos do caso do Orkut e do Facebook. A migração de uma plataforma para outra foi muito rápida, praticamente decretando o fim do Orkut, que ainda estava em fase de expansão de uso. Mas, essas mudanças constantes a partir de inovações incrementais acumuladas acontece com muita força também em outras áreas, como no caso dos telefones celulares que viraram *smartphones*, assim como aconteceu com os aparelhos de TV.

Amplie seus conhecimentos

Norbert Wiener e a Cibernética

Matemático de formação, Norbert Wiener ficou conhecido como o pai da Cibernética, teoria que influenciou diversos campos do saber.

Wiener derivou o termo cibernética da palavra grega *kubernetes*, que significa "piloto", ou ainda "governador". A cibernética é uma ciência dos sistemas autorregulados, ou seja, sistemas que podem se autoalimentar ou autômatos, e aprenderem. Nesse caso, o que interessa não são os componentes separados, mas a comunicação entre eles e as interações do sistema, das trocas de informação ou mensagens.

Em outras palavras, trata-se de uma ciência constituída pelo conjunto de teorias sobre os processos de comando e comunicação e sua regulação nos seres viventes, nas máquinas, ou mesmo nos sistemas sociológicos e econômicos.

O objetivo principal é o estudo do controle da informação, que é construído a partir de processos de retroalimentação, ou *feedback*. Um sistema de informação clássico teria a entrada, o processamento e a saída. Acrescenta-se aí o *feedback*, realimentando o sistema com informações para sua continuidade de funcionamento.

Desse ponto de vista, para Wiener, não é só uma questão de tecnologia computacional, mas trata-se de uma teoria que extrapola para outros campos, tanto valendo para máquinas como para seres vivos, como o homem:

> O homem está imerso num mundo ao qual percebe pelos órgãos dos sentidos. A informação que recebe é coordenada por meio de seu cérebro e sistema nervoso até, após o devido processo de armazenagem, colação e seleção, emergir através dos órgãos motores, geralmente músculos. Estes, por sua vez, agem sobre o mundo exterior e reagem, outrossim, sobre o sistema nervoso central por via de órgãos receptores, tais como os órgãos terminais da cinestesia; e a informação recebida pelos órgãos cinestésicos se combina com o cabedal de informação já acumulada para influenciar as futuras ações (WIENER, p. 17).

Mais importante do que entender cada detalhe dessa citação de Wiener é perceber que ele trata o homem como um sistema que tem entrada, processamento, saída e o *feedback*, para futuras ações que possibilitam tanto o aprendizado quanto a manutenção do sistema.

Para aprender mais sobre este assunto, acesse: <http://www.dec.ufcg.edu.br/biografias/NorbtWie.html>.

É interessante, porém, perceber que não é somente porque a tecnologia proporciona tais mudanças, como se ela fosse a única responsável por tais mudanças. Ao mesmo tempo em que as tecnologias da informação se difundem, se espalham, também os seus usuários se apropriam delas, redefinem suas funções e criam novas, conforme as condições socioculturais. Ou seja, é no elo entre a cultura e a tecnologia que se definem os processos de mudanças sociais. Assim, como resume o próprio Castells, "segue-se uma relação muito próxima entre os processos sociais de criação e manipulação de símbolos (a cultura da sociedade) e a capacidade de produzir e distribuir bens e serviços (as forças produtivas)" (CASTELLS, 2000, p. 51).

No contexto educacional, essas modificações são sentidas também de forma intensa. E, do mesmo modo, não é apenas a questão da colocação ou não de computadores na sala de aula que está em jogo, mas como se dá essa inserção, considerando a cultura da sociedade em transformação.

Antes porém de entrar diretamente nas relações de ensino-aprendizagem mediadas por tecnologias informacionais, evidentemente, não se pode deixar de lado um ponto crucial e que foi muito debatido quando se iniciou o processo de distribuição dessas tecnologias por toda a sociedade, incluindo a escola, principalmente quando surgem os computadores pessoais: e aqueles que não possuem condições financeiras para adquirir tais equipamentos? E as pessoas que se somam a essas e são de outra geração, não habituadas a essas máquinas, como ficam se todos os processos burocráticos e sociais estão cada vez mais informatizados? De que forma essas pessoas poderiam contribuir para a realimentação do sistema se nem mesmo têm acesso a ele?

Parece muito tranquilo, hoje, principalmente quando se vive nas cidades com mais infraestruturas, pensar que a discussão sobre inclusão/exclusão digital nem faz mais sentido. Apesar de o cenário ter se transformado bastante, ainda essa questão subsiste de algum modo. Não se trata, porém, apenas de detectar locais onde não se tem acesso a computadores e à internet, por exemplo, e providenciar, por meio de políticas públicas, o envio de equipamentos para esses locais, que não só existem como não são tão poucos quanto se pensa. Esse é um primeiro passo, sem dúvida, mas insuficiente para dar conta do problema.

O professor e pesquisador em educação da Universidade da Califórnia Mark Warschauer decidiu percorrer por dez anos vários países como Índia, China, Brasil, EUA e Egito, para observar esse problema mais de perto e de forma comparativa. Além de confirmar que a Revolução da Tecnologia da Informação beneficiou diretamente as classes alta e média nos países mais ricos e as classes mais favorecidas nos pobres, ele percebeu que os projetos para incluir as pessoas digitalmente na sociedade atual realizados nesses países mais pobres seguiam justamente essa orientação, a de fornecer equipamentos e programas de computadores, *hardware* e *software*, enquanto se dava pouca ou nenhuma atenção ao sistema social como um todo.

Tudo era feito como se tecnologia e sociedade fossem coisas separadas. Possuir a tecnologia ainda mantinha-os excluídos digitalmente. Por isso Warschauer salientava que ter acesso às tecnologias da informação e comunicação (TICs):

> […] abrange muito mais do que meramente fornecer computadores e a conexões à internet. Pelo contrário, insere-se num complexo conjunto de fatores, abrangendo recursos e relacionamentos físicos, digitais, humanos e sociais. Para proporcionar acesso significativo a novas tecnologias, o conteúdo, a língua, o letramento, a educação e as estruturas comunitárias e institucionais devem todos ser levados em consideração (WARSCHAUER, 2006, p. 21).

Trata-se, portanto, de um equívoco acreditar que as questões sociais estão distantes da difusão das tecnologias, como se pensava no início do fenômeno "pontocom". Houve uma espécie de "moda" nos anos 1990 de projetos de inclusão digitais com essa característica.

No entanto, a articulação entre os recursos tecnológicos e os problemas socioculturais envolvidos deve ser o ponto de partida se o desejo é tornar o acesso tecnológico mais democrático, de fato. Caso contrário, acontece problema semelhante ao que vimos detectado pela sociologia da educação de Bourdieu e Passeron (Capítulo 3) em relação ao sistema escolar. Ao pregar a universalidade da educação sem considerar as diferenças socioculturais envolvidas, ao invés de se conseguir a igualdade para todos, como esperado, acentuam-se os valores das classes mais favorecidas e aumenta-se a discriminação em nome da democracia. O mesmo vale para a inserção da tecnologia na sociedade; afinal, trata-se em muitos casos de alfabetização digital. Portanto, é fundamental que o modo ou os meios como as coisas são feitas sejam discutidos, e não apenas os fins racionais propostos.

8.3 Implicações das tecnologias da informação e o EaD

Mesmo antes de falar no sistema de educação como um todo e dos reflexos por ele sofridos em função da Revolução da Tecnologia da Informação, pode-se pensar que a própria relação com o saber tenha sofrido transformações. Vários autores, como o filósofo francês Pierre Lévy, advogam que essas transformações que estão em curso são realmente radicais.

Pierre Lévy (1999) parte de algumas constatações centrais:

» Pela primeira vez na história, muitas das competências, senão a maioria, aprendidas no início da carreira profissional estarão obsoletas antes mesmo de a pessoa terminar sua carreira. Aqui há uma referência clara à velocidade.

» Ligada à anterior, a segunda constatação refere-se ao trabalho, pois trabalhar cada vez mais significa aprender, transmitir saberes e produzir conhecimentos.

» Algumas tecnologias presentes no espaço virtual acabam por modificar ou amplificar várias funções do homem, como a memória (banco de dados, hipertextos, arquivos digitais), a imaginação (simuladores), a percepção (sensores digitais, realidade virtual), o raciocínio (inteligência artificial).

Transportando essas constatações para o plano educacional, traduzidas em tecnologias disponíveis para o ensino-aprendizado, percebe-se que o processo de formação sofrerá ao longo dos anos transformações profundas. Para Lévy, aquilo que se precisa aprender não necessariamente tem que ser planejado com antecedência, já que os perfis de competências e percursos daqueles que aprendem tendem a variar cada vez mais conforme as necessidades. Portanto, será bem difícil no futuro definir os currículos de muitos cursos de forma fechada.

Dadas essas circunstâncias, Lévy sugere duas grandes reformas necessárias ao sistema de educação e formação.

A primeira delas é adequar os dispositivos tecnológicos e o espírito da Ensino Aberto a Distância (EAD) ao dia a dia da educação, por um lado porque o ensino a distância incorporaria com facilidade muitas das tecnologias disponíveis, como imagens, vídeos, textos, redes de comunicação interativas, como fóruns, entre outras; por outro, porque a própria pedagogia se adaptaria assim perfeitamente ao quesito dos perfis de aprendizado personalizados. Nesse cenário, percebe-se que com a mudança do perfil do aluno a do professor também acaba por modificar-se também.

A segunda reforma refere-se ao reconhecimento do que foi adquirido em termos de experiência. Uma vez que se aprendeu através de experiências sociais e profissionais, contando com que a escola, nos vários níveis, começa a perder progressivamente o monopólio, o poder de domínio, da criação e transmissão de conhecimento, para Lévy os sistemas de ensino público deveriam tomar para si apenas a função de "orientar os percursos individuais no saber pertencentes às pessoas, aí incluídos os saberes não acadêmicos", e assim:

> Organizando a comunidade entre empregadores, indivíduos e recursos de aprendizagem de todos os tipos, as universidades do futuro contribuiriam [...] para animação de uma nova economia do conhecimento (LÉVY, 1999, p. 158).

Considerando que a versão original em francês dessas proposições feitas por Lévy foi escrita em 1997 e o modo como as tecnologias da informação vêm sendo incorporadas ao cotidiano das escolas na atualidade, além da expansão vertiginosa de cursos de EaD por toda a sociedade, pode-se perceber que a educação já está seguindo a rota prevista por esse e outros autores que trataram da mesma temática, mesmo que alguns mais otimistas e outros menos.

E as reformas propostas, embora com toda lógica contemporânea, não são de forma alguma banais e sem consequências profundas para uma instituição com tanta longevidade quanto a escola. Levando ao limite, é a previsão de uma educação em que tanto escola quanto professor passam a ser orientadores, ou animadores, como gosta de dizer Lévy, portanto, têm seus papéis completamente remodelados.

Não se trata aqui de conferir se o filósofo estava certo ou não, nem de querer salvar a escola e o professor, mesmo que os teóricos da EaD pareçam sempre preocupados com esse aspecto, elaborando os mais diversificados discursos. O principal é observar *como* vem se dando e funcionando essa transição.

Tudo parece colaborar para que essa transição aconteça a passos largos nos próximos anos. Para Lévy, os sistemas educativos não são capazes de absorver a quantidade, a diversidade e a velocidade de evolução dos saberes. Muitas pessoas queriam estar na escola, mas não podem, ao mesmo tempo em que as universidades estão lotadas. Se todas essas pessoas pudessem estar na escola, não haveria lugar físico suficiente, e nem o número de professores daria conta da demanda, argumenta o filósofo.

Por isso, entre as soluções estão o uso dos recursos audiovisuais e multimídias, o ensino assistido por computador, pela televisão educativa, tutoriais. Lévy não esquece de mencionar que todos esses recursos custam menos do que escolas e universidades físicas, com seu ensino "presencial". Por outro lado, os indivíduos não toleram mais cursos uniformes e rígidos, pois não correspondem ao seu trajeto de vida, geralmente ligado ao mercado de trabalho, à sua dinâmica empresarial.

Mas, escreve o filósofo francês, aumentar apenas a oferta desses cursos e massificar o ensino seria uma resposta "industrialista" ao "modo antigo", inadequada à flexibilidade e à diversidade necessárias de agora para a frente.

Se seguimos os passos do pensamento de Pierre Lévy até esse momento é para entender que a lógica dessa transição do sistema educacional, incluindo as propostas de reforma que ele sugere, não se restringe apenas a um modelo de ensino a ser escolhido ou já escolhido, mas a um processo mais profundo, quando se deixa uma escola baseada na indústria, como vimos no tecnicismo educacional, e se passa para uma escola cujo modelo é a empresa.

O próprio Pierre Lévy reconhece esse fato:

> De fato, as características da aprendizagem aberta a distância são semelhantes às da sociedade da informação como um todo (sociedade de rede, de velocidade, de personalização, etc.). Além disso, esse tipo de ensino está em sinergia com as "organizações de aprendizagem" que uma nova geração de empresários está tentando estabelecer nas empresas (LÉVY, 1999, p. 170).

Não é por acaso que há um sentimento cada vez maior de que os ambientes se confundem, de que quando estamos na escola percebemos que muitas vezes são usadas expressões provenientes do mundo empresarial, mais especificamente o executivo.

São inúmeros os cursos que usam o termo *Gestão* no título, inclusive Gestão Escolar. Se a escola modela-se pela empresa, o termo parece apropriado. Aliás, o termo gestão começou a ser empregado com mais frequência na administração a partir das técnicas japonesas, denominadas toyotismo, que começaram a ser implementadas nas empresas, principalmente a chamada Gestão da Qualidade Total. Esses modelos se espalham pela sociedade.

Educação e Tecnologia

Hoje, temos cursos para Gestão de Processos Gerenciais, Gestão Ambiental, Gestão Automotiva, Gestão Comercial, Gestão em Cultura, entre mil outros. Mais do que moda, é um sintoma.

Pierre Lévy incomodou-se com a possibilidade de se fazer um uso "industrialista" ou ao "modo antigo" da educação a distância, mas pouco falou sobre o uso "empresarial", exceto em seus aspectos promissores e correspondentes às tecnologias da informação.

Mas, será que o mundo da escola tem que corresponder exatamente ao mundo do trabalho em seu funcionamento? A lógica do ensino é a mesma da empresa atual ou da indústria antiga? A maneira como a tecnologia é usada na empresa deve guiar o modo de sua aplicação nas unidades de ensino?

São questões que precisam ser colocadas para melhor compreensão das diferenças entre esses dois setores da sociedade, educação e trabalho, que se entrelaçam constantemente, mas que não necessariamente funcionam do mesmo modo, pois de início possuem tempos e propósitos diferentes.

O problema é que o assunto acaba, muitas vezes, encaminhando-se para a utilização da tecnologia, seja no modo antigo ou no modo atual, deixando de lado essa problemática de base. Assim como a crítica ao tecnicismo educacional direcionou-se, de forma equivocada, dos problemas autoritários que envolviam aquela prática para a utilização dos recursos tecnológicos em sala de aula, também corre-se o risco de não perceber a necessidade de marcar as diferenças entre o mundo do trabalho e da escola atualmente, dirigindo-se apenas para as adequações aos aparatos técnicos mais eficientes para uma educação contemporânea.

Ora, mesmo sendo a EaD uma realidade incontornável, usando as tecnologias da informação da maneira mais eficiente possível, não significa que ela não possa ter suas limitações e mesmo manter um autoritarismo nas relações socioeducacionais, principalmente porque essas tecnologias são usadas muito em função do controle, têm origem na cibernética e na teoria da informação. Em outras palavras, dizer que a EaD é importante por proporcionar educação a mais pessoas e por isso é uma forma mais democrática pode não ser uma verdade absoluta, assim como se disse certa vez que o voto eletrônico era mais democrático. A relação entre política e tecnologia não passa por seu simples uso, mas de *como* ela aparece e funciona nas ações sociais. Na escola não é diferente.

O conteúdo transmitido, seja presencial ou a distância, talvez seja o mais importante a ser discutido. No entanto, quando lemos sobre a implementação de cursos EaD, nem sempre esse é o tema principal, mas sim o estabelecimento de uma série de regras e modelos preestabelecidos que devem ser seguidos para que o sistema funcione corretamente, valorizando sempre o potencial tecnológico.

São várias palavras de ordem que aparecem: a linguagem deve ser assim, o vídeo deve ser dessa maneira, com tal duração e um modo próprio de falar, não se pode fazer isso ou aquilo. Não poucas vezes, entra-se na lógica comercial em pequenos detalhes, como por exemplo quando nos tutoriais para os chamados conteudistas, que são aqueles que preparam o conteúdo das aulas, se repete insistentemente que a linguagem precisa ser fácil, dialógica, acessível, entre outros termos, sempre considerando certa incapacidade do leitor ou aluno.

Isso barra as dificuldades do aprendizado, em vez de ajudar a superá-las. Pensando na perspectiva de cursos pagos, por exemplo, além de ser mais fácil, pode ser uma saída para evitar desistências ou ampliar o leque de clientes-alunos em razão da concorrência de mercado. Por outro lado, do ponto de vista pedagógico, não se pode fugir do problema de que a linguagem pode promover a manutenção das diferenças culturais. Esse é apenas um dos dilemas a serem enfrentados e discutidos, mas que precisam realmente ser enfrentados e discutidos de frente para que o potencial tecnológico no ensino não permaneça somente em estado de promessa. Acreditar que o simples uso da tecnologia, seja em sala de aula ou a distância, já traz benefícios ao ensino-aprendizado parece quase uma crença inocente, mas que acaba ajudando a perpetuar práticas antigas.

Se pegarmos estatísticas brasileiras comparativas entre alunos que fizeram cursos presenciais e cursos a distância e prestaram exames como o Enem (Exame Nacional do Ensino Médio), veremos realmente que a variação das notas é pequena em alguns cursos. E usar essas estatísticas é comum quando se quer promover um determinado curso a distância, valorizando as facilidades tecnológicas. No entanto, quando efetivamente se olham as notas, observa-se que o desempenho foi baixo tanto no curso presencial quanto no curso a distância. Ora, isso confirma que o problema não é o uso ou não da tecnologia, pois o nivelamento e aproveitamento de conteúdo estão aquém do esperado.

Portanto, se Pierre Lévy estava correto em perceber as exigências da educação em se adaptar às novas tecnologias da informação, é preciso não esquecer que o conteúdo que permite a conexão daquele que quer aprender algo com aquele que o direciona para tal propósito ainda permanece uma problemática básica para o ensino.

Fique de olho!

Ainda há preconceitos quanto ao profissional formado em cursos a distância. Mas não vamos nos esquecer que a educação a distância é uma prática antiga, feita usando carta, telefone ou televisão. Sua grande expansão na atualidade se deve à ampliação das tecnologias da informação e da comunicação. Apesar da expansão das modalidades de ensino a distância e da adesão de instituições renomadas como FGV e Unicamp, ainda há bastante desconfiança para contratar um profissional formado nessa modalidade de ensino. Nos últimos dez anos tem crescido consideravelmente a oferta de cursos a distância para a formação de professores. Nos últimos dez anos, os cursos de pedagogia cresceram 45 vezes em decorrência também da exigência legal de os professores de ensino básico terem diploma de ensino superior.

Quando se fala em educação com tecnologia, desde a lousa-giz ao *tablet*-internet, o que mais parece interessar é esse com, pois é nele que se estabelecem as relações sociais mais intensas, para que esse com não funcione como uma separação entre as palavras educação e tecnologia, ou que a tecnologia apareça como uma mera ferramenta utilitária no ensino, mas que esse *com* exerça realmente sua função, a de juntar os dois termos.

Vamos recapitular?

No início do capítulo, vimos que a educação sempre fez uso de tecnologias, pois lousa-giz assim como lápis-papel podem ser considerados tecnologias. No entanto, nossa preocupação neste capítulo foi com as tecnologias da informação atuais, como computadores, internet, *tablets, smartphones*, lousas digitais, entre outras.

E para começarmos a discussão estudamos uma prática pedagógica importada dos Estados Unidos na época da ditadura militar em nosso país, que ficou conhecida como tecnicismo educacional. A ideia básica era a do positivismo de Comte e da psicologia comportamental de Skinner. Visava-se ao ensino o mais racional possível para o mercado de trabalho baseado no modelo de eficiência industrial, usando a metodologia de estímulo-resposta-reforço. Observou-se que as críticas a esse modelo giravam em torno do caráter autoritário do ensino, pois não se abria muito espaço para a subjetividade e a criatividade. No entanto, aos poucos a crítica se enfraqueceu, pois resolveu atacar um dos pontos que poderiam ser considerados positivos do tecnicismo educacional, que era o de usar as tecnologias da época em prol do ensino. Confundiu-se a noção de tecnicismo com tecnologia.

Em seguida, estudamos como as tecnologias da informação permitiram uma revolução no mundo contemporâneo, semelhante àquela ocorrida na Revolução Industrial. Por isso, recebeu o nome de Revolução da Informação por alguns autores, como o sociólogo espanhol Manuel Castells. Vimos que, mesmo hoje, não é tão claro assim que todas as pessoas têm acesso a essas tecnologias, gerando um processo de exclusão digital. Portanto, as consequências do aparecimento das tecnologias de informação precisam ser analisadas em todos os seus aspectos, não apenas econômicos, distribuindo equipamentos e *softwares* para os que não têm acesso, mas também nas relações socioculturais envolvidas.

Terminamos o capítulo continuando a discussão sobre as implicações relativas ao uso das tecnologias da informação na educação, porém voltando mais para o ensino a distância e para a passagem de um modelo industrial para o modelo atual, focado nas necessidades da empresa. Percebemos que houve uma transição necessária, inclusive em função das tecnologias atuais, que trouxeram e trarão grandes transformações no ensino-aprendizagem, o que muitas vezes tem significado a tentativa de trazer o mundo da empresa para dentro do sistema educacional. Observamos o caso da educação a distância e de como não se trata apenas da inserção ou não da tecnologia, mas que o conteúdo, o **como** se trabalha com essa tecnologia é que é fundamental para que haja uma melhor relação entre esses dois termos: educação e tecnologia.

Agora é com você!

1) No Capítulo 8 a cartilha de alfabetização foi citada como um importante avanço técnico entre os anos 1960 e 1970 no Brasil. Relacione a experiência da alfabetização por meio das cartilhas com o tecnicismo educacional.

2) O tecnicismo educacional pode ser associado às formas do desenvolvimento do modo de produção capitalista na segunda metade do século XX. Como o capítulo aborda esse aspecto?

3) No Capítulo 4 você teve a oportunidade de refletir sobre o conteúdo da música e do filme *The Wall* em relação à teoria do reprodutivismo de Bourdieu e Passeron. A música e o filme foram produzidos no final dos anos 1970, no contexto do tecnicismo educacional. Identifique nesses produtos culturais a crítica presente ao tecnicismo educacional.

4) Neste capítulo discute-se como a Revolução da Tecnologia da Informação tem modificado as formas de se produzir e difundir conhecimento. Aponte esse aspecto citando exemplos vivenciados por você na sua escola e na sua comunidade.

5) Neste capítulo são apresentados elementos importantes para compreender e refletir sobre a educação a distância, que tem sido potencializada com as novas tecnologias. Apresente e discuta esses elementos apresentados no capítulo.

9

O Mundo do Trabalho e o Mundo da Escola

Para começar

Quando se defende a adequação dos conteúdos, das rotinas escolares e da formação do professor às demandas do mundo do trabalho, não podemos esquecer que as relações de trabalho são repletas de contradições e formas de dominação e controle que se perpetuam e que cabe à educação, também, conscientizar quanto a isso e promover um processo de mudança.

A cultura do trabalho e a cultura da escola não precisam sempre coincidir, e talvez isso não seja possível numa sociedade em que predominam a alienação e a exploração do trabalho alheio. Nossa proposta neste capítulo, também, é confrontar as exigências de aproximação entre o mundo do trabalho e o mundo da escola dentro de uma perspectiva que busque entender a totalidade de relações em nível econômico, social, cultural que indicam essa aproximação.

9.1 Criança não trabalha

Vimos nos capítulos anteriores, quando tratamos da educação na antiguidade, nas sociedades tradicionais e no contexto da modernidade, que, paulatinamente, a educação deixa de ser privilégio de uma classe dominante alheia ao trabalho ligado à luta pela sobrevivência. Aos trabalhadores não se destinava o que consideramos atualmente escola, mas um tipo de instrução mínima ligada ao uso dos instrumentos de trabalho. Mesmo no século XIX, quando a necessidade de mão de obra se tornou algo fundamental nas fábricas, a formação para o trabalho acontecia nas próprias oficinas, em que os menores aprendizes observavam e iam fazendo tarefas iniciais, para aos poucos assumirem o trabalho feito pelos adultos. Não havia, nesse sentido, uma divisão entre o mundo da escola e o mundo do trabalho, já que, para os trabalhadores, a escola será uma conquista tardia.

As cenas e denúncias de trabalho infantil atualmente causam horror e são consideradas atitudes criminosas. No entanto, isso também é recente, e a história da infância pobre é a história do trabalho começado bem cedo, seja no ambiente doméstico, seja nas pequenas tarefas das oficinas.

O mundo da escola entra em conflito com o mundo do trabalho à medida que se começa a entender que é necessária uma melhor formação para o trabalhador, que as crianças primeiro precisam ir para as escolas e que o fazer por si só não é suficiente para que o trabalhador se aprimore.

A criança fora da escola é uma criança em situação de vulnerabilidade social, condenada também a estar futuramente fora de um mercado de trabalho altamente competitivo que exige graus de formação escolar e acadêmica para as funções mais bem remuneradas.

A cultura de uma comunidade não se reduz aos conteúdos escolares e nem ao conteúdo dos livros didáticos, daí a necessidade de se trabalhar em todos os níveis de ensino com projetos em que questões do cotidiano sejam problematizadas e procuradas as respostas possíveis em diferentes abordagens, experiências e áreas do conhecimento. A aproximação do mundo da escola com o mundo do trabalho se dá quando, por intermédio da educação, a realidade social se modifica efetivamente para melhor.

Figura 9.1 – Trabalho infantil.

9.2 A escola e o mercado de trabalho

A escola, como estamos vendo, é uma instituição que muda muito lentamente. É possível encontrar na história da educação brasileira, por exemplo, muitos resquícios da educação realizada pelos jesuítas no começo da colonização no século XVI.

Não só graças ao avanço tecnológico das últimas décadas, mas considerando a maneira como a escola tem sido organizada, é comum se considerar a escola algo que se agarra a formas ultrapassadas de lidar com a realidade social.

Fala-se numa inadequação da escola para fazer face às demandas atuais da sociedade. Apesar de a escola ser considerada um local de produção de conhecimento e de desenvolvimento humano, os resultados são tímidos se considerarmos as inúmeras avaliações que têm sido feitas nos aspectos tanto quantitativos quanto qualitativos.

Porém, essa avaliação quase sempre ocorre de fora para dentro, com a comunidade escolar contemplando os indicadores desfavoráveis e professores se sentindo desvalorizados na sua prática.

A comunidade escolar precisa pensar a si própria e escolher seus caminhos em constante diálogo com a sociedade. Para Birzezinski (2001), a escola que pensa a si mesma, sua missão e sua estrutura é aquela que consegue realizar momentos coletivos de avaliação e de formação dos sujeitos envolvidos no processo educacional, de modo que todos conheçam, vivam, critiquem e assumam a reflexão e a transformação da instituição educacional (BIRZEZINSKI, 2001).

A escola, antes ligada a estruturas mais rígidas e tradicionais como a família e a Igreja, hoje se vê devassada pelas exigências do mundo do trabalho. As boas escolas profissionalizantes são consideradas aquelas que têm bom nível de empregabilidade de seus egressos. Ora, que empregabilidade é essa? Entre as funções da escola, que tem como princípio elementar garantir a empregabilidade dos indivíduos, está oferecer condições para que estes possam escolher as melhores condições de vida e de trabalho e não serem absorvidos por uma lógica nem sempre comprometida com a cidadania e a sustentabilidade social.

Polivalência, flexibilidade, interesse na formação continuada, capacidade para trabalhar em grupo, habilidade na solução de problemas, capacidade de argumentação, domínio de diferentes linguagens técnicas, domínio de línguas estrangeiras. Essas são algumas das exigências atuais do mercado de trabalho as quais, nem remotamente, os operários analfabetos dos séculos XIX e XX poderiam imaginar. O grande perigo é a possibilidade bastante evidente de que o trabalhador se torne descartável, e mesmo nas profissões menos valorizadas exige-se cada vez mais habilidades de manuseio de dispositivos tecnológicos e letramento.

Segundo Ciavatta (2007), a produção capitalista tem uma lógica própria, que difere da lógica da educação. Há uma contradição entre a lógica da produção capitalista e a lógica da educação. A lógica da produção capitalista tem base no lucro, na exploração do trabalho, no tempo breve em que se deve realizar a atividade produtiva, no corte de custos, no aumento da produtividade, na competitividade, na mercantilização de toda produção humana. Enquanto isso, a lógica da educação tem a finalidade de formar o ser humano e deve pautar-se na socialização do conhecimento, no diálogo, na discussão, no tempo médio e longo da aprendizagem, na humanização, na emancipação das amarras da opressão, no reconhecimento das necessidades do outro, no respeito à sua individualidade, na participação construtiva e na defesa dos direitos de cidadania.

É preciso ver os limites dos discursos e práticas que afirmam ser necessário que a escola se adapte irreversivelmente à lógica capitalista. Quase sempre esses discursos estão associados à privatização da educação e à privatização de outros interesses que são de ordem pública. Mesmo as instituições públicas de ensino são levadas a adotar critérios de eficiência e eficácia, produtividade e busca de indicadores quantitativos que são associados à avaliação institucional e a gratificações.

Os atualmente denominados colaboradores do mundo do trabalho, ou seja, os trabalhadores, têm que se submeter à precarização do trabalho, marcada pela flexibilidade na produção, e à desregulamentação das relações de trabalho, aos vínculos precários, à terceirização e a outros mecanismos do trabalho informal. A precarização do trabalho tem recebido inúmeras vertentes ao longo do tempo, a partir de processos designados como reengenharia e reestruturação produtiva. O que tem sobrado para os trabalhadores desses processos de regulação da produção é a desregulamentação das categorias profissionais, vínculos empregatícios pouco interessantes para o trabalhador, como a terceirização e o emprego informal.

Portanto, para que a educação possa manter sua lógica e avaliar os limites no processo em andamento, é preciso antes que ela olhe para dentro e entenda em detalhes como se dão as relações de poder historicamente em seu ambiente, quais os mecanismos que ela ajuda a perpetuar e quais as mudanças atuais que afetam sua atividade e geram locais privilegiados para agir politicamente em benefício geral da sociedade.

9.3 O espaço da escola e as relações de poder

É comum pensarmos o poder como algo fora de nós ou ainda como sinônimo de governo, de Estado localizado. Por exemplo: o poder do governo federal, dos estados e dos municípios, o poder legislativo e o poder judiciário, o poder da monarquia.

Claro que esses poderes são constituídos e legitimados pela sociedade, e funcionam como mecanismos centrais e gerais de poder. Mas, para falarmos das relações de poder no espaço da escola precisamos entender o poder de outra maneira.

Assim, aqui seguiremos o filósofo francês Michel Foucault e não nos concentraremos nesses poderes constituídos pelo Estado, pela esfera jurídica, pelas ideologias. Para esse filósofo, para entender o poder é melhor tomá-lo em suas extremidades, ou seja, onde ele se exerce efetivamente, nas regras, nas normas, na organização, nas instituições, nos instrumentos utilizados para que o poder se exerça de fato. O poder não é homogêneo, sempre igual, nem somente dominação de um indivíduo sobre outro ou outros, de um grupo sobre outros, de uma classe sobre outras.

Para Foucault, o poder deveria ser relacionado e analisado como uma coisa que circula, ou melhor, diz ele, "como uma coisa que só funciona em cadeia. Jamais ele está localizado aqui ou ali, jamais está entre as mãos de alguns, jamais é apossado como uma riqueza ou um bem. O poder funciona, o poder se exerce em rede" (FOUCAULT, 1999, p. 35).

O filósofo desloca o assunto de um local específico, como o governo central, e mostra-nos que as relações de poder são muito mais complexas do que imaginamos, acontecem em cadeia, atravessam e moldam os corpos dos indivíduos, sendo que, muitas vezes, o poder mais geral se reproduz nas pessoas em escala micro. Ao mesmo tempo que o indivíduo recebe o efeito do poder, ele é também seu intermediário para propagação.

O poder tem seus mecanismos de atuação, que variam de época para época na história. Vimos que no período do absolutismo o poder se exercia de uma forma em que o rei era o centro da sociedade e tudo acontecia, inclusive vida e morte, em função da figura do soberano. Nessas sociedades que Foucault denominava sociedades de soberania, o poder não se exercia somente por questões de direito monárquico, mas sim porque havia uma série de instituições locais, regionais e materiais, como mecanismos de punição e modos de funcionamento bem-regulamentados. É só retornarmos ao primeiro capítulo e observamos novamente o diálogo entre Luís XIV e o conselheiro Sr. Colbert, retirado do filme *A tomada de poder por Luís XIV*, de Roberto Rossellini. Toda uma série de mecanismos para operacionalizar o poder está ali relacionada conforme as características daquele momento.

Para Foucault, o poder está diretamente relacionado ao saber, aos dispositivos de saber existentes em cada período histórico. Na base do poder, no ponto em que terminam as redes de poder, o que se forma são:

> instrumentos efetivos de formação e de acúmulo de saber. São métodos de observação, técnicas de registro, procedimentos de investigação e de pesquisa, são aparelhos de verificação. Isto quer dizer que o poder, quando se exerce em seus mecanismos

finos, não pode fazê-lo sem a formação, a organização e sem pôr em circulação um saber, ou melhor, aparelhos de saber que não são acompanhamentos ou edifícios ideológicos (FOUCAULT, 1999, p. 40).

Com essas considerações, Foucault, depois de estudar as sociedades de soberania e suas formas de apresentação, percebeu que a partir dos séculos XVII e XVIII, com a ascensão da burguesia, houve o surgimento de um novo tipo de mecânica do poder, com outros procedimentos e instrumentos. Esse poder agora se dará mais diretamente nos corpos e sobre o que eles fazem. Trata-se de um poder que funcionará por vigilância constante e não de forma descontínua, como acontecia com tributos na monarquia.

Esse novo poder, que Foucault diz ser mesmo uma das grandes invenções da burguesia, foi um dos instrumentos fundamentais para a consolidação do capitalismo industrial e da sociedade que se formou a partir daí. Esse poder é o poder "disciplinar". Ou seja, principalmente a partir das Revoluções Francesa e Industrial, temos a conformação e consolidação de uma sociedade disciplinar. É preciso entender bem o funcionamento, o modo de operação desse tipo de sociedade, para perceber melhor as implicações na educação.

Foucault considerava as disciplinas uma forma de criar *corpos dóceis*, ou seja, submissos e exercitados. Ou seja, por um lado aumenta-se a força produtiva do corpo em termos econômicos, e, por outro, diminui-se essas mesmas forças em termos políticos de obediência. Evidentemente que essa "invenção" das disciplinas não acontece de repente.

Estudando a origem das disciplinas no tempo, Foucault percebe múltiplas técnicas e processos, espalhados em vários lugares e épocas diferentes, que acabam se repetindo aqui e ali, entrando em convergência e criando algo mais geral:

> Encontramo-los [essas técnicas e processos] em funcionamento nos colégios, muito cedo; mais tarde nas escolas primárias; investiram lentamente o espaço hospitalar; e em algumas dezenas de anos reestruturam a organização militar (FOUCAULT, 1987, p. 119).

O filósofo encontrará diversas instituições sociais em que as disciplinas se manifestam inicialmente e se consolidam posteriormente, cada uma com sua particularidade, mas com traços essenciais em todas: a prisão, a fábrica, a escola, o hospital, o exército.

A primeira coisa para a qual Foucault nos chama a atenção é o fato de que a disciplina necessita de início localizar os indivíduos no espaço: "a disciplina às vezes exige a *cerca*" (p. 122), o confinamento em espaços fechados, como colégios, prisões, fábricas e quartéis.

E não é uma questão somente de fechar os indivíduos em um espaço determinado. É preciso localizar esse indivíduo nesses espaços, estabelecer regras de presenças e ausências, evitar a conformação de grupos. Trata-se de organizar esse espaço não só para vigiar o indivíduo quando necessário, mas também para torná-lo o mais produtivo, tanto individual como coletivamente. É o que Foucault chama de princípio de quadriculamento (p. 123). Acontece nas fábricas, em que pouco a pouco são instalados os postos de trabalho, de acordo com a melhor posição, para aumentar produtividade, isolar e localizar os indivíduos segundo suas funções.

Na disciplina, mesmo que localizáveis, os indivíduos podem ser intercambiáveis, pois o que importa é a posição, o posto que se ocupa na série. Assim, não é o espaço físico que é ocupado, mas a posição é o essencial, a posição na fila. Explicando de outra forma, o que vale é "o lugar que alguém

O Mundo do Trabalho e o Mundo da Escola

ocupa numa classificação, o ponto em que se cruza uma linha com uma coluna" (p. 125). É como em uma planilha de cálculo, a posição B5, em que B é a coluna e 5, a linha. Foucault chega a chamar a disciplina de a "arte de dispor em fila".

Ficar em fila nas escolas ou ter as carteiras enfileiradas parece hoje algo banal, mas nem sempre foi assim, e essa é uma técnica de arranjar e disciplinar dentro do ambiente escolar, portanto, faz parte das relações de poder ali dentro. Se assistirmos ao filme *Tempos modernos,* de Charlie Chaplin, observaremos que os prisioneiros fazem fila para ir ao refeitório, e, quando ali chegam, têm um lugar determinado para sentar, de modo que os guardas possam ver todos. Aliás, se olharmos esse filme com bastante atenção perceberemos que Carlitos está transitando o tempo todo de um espaço fechado para outro: do trabalho na fábrica para um hospital psiquiátrico, da prisão para a fábrica, da caserna para a fábrica, da fábrica para a prisão, da prisão para o *shopping* e assim por diante.

É o modelo disciplinar em ação como nunca visto na história do cinema. Sempre que Carlitos está na rua, espaço aberto, lugar em desordem, acontece algo errado e ele é preso, volta para um espaço de confinamento. Manter a ordem significa colocar em algum lugar localizável, devidamente quadriculado, em que os corpos sejam submetidos à disciplina necessária para que o sistema continue funcionando com eficiência. Tudo o que escapa, como o que está na rua em desordem, de forma caótica no espaço aberto, precisa ser punido e redirecionado para um lugar produtivo.

Vemos que as técnicas de poder da disciplina se dão nos detalhes, até mesmo na formação das filas escolares e na distribuição das carteiras em sala de aula, para citarmos o sistema de ensino apenas.

É curioso que nesse momento Foucault usa justamente a ideia da "classe" escolar e faz uma comparação entre o colégio jesuíta e o que aconteceu depois. No colégio jesuíta, a disposição das classes, que chegavam a duzentos alunos, se dava por grupo de dez alunos, e os assuntos eram discutidos como em um campo de guerra e de rivalidade. Cada grupo de dez, a decúria, expunha um tema e tinha uma contrarresposta de outro grupo. Assim se dava o processo de aprendizagem, pela defrontação de dois exércitos ou pela simulação de um confronto entre dois cavaleiros, a justa.

O espaço da escola se transforma aos poucos, se desdobra, começa a ser organizado em fileiras. Como relata Foucault:

> A ordenação por fileiras, no século XVIII, começa a definir a grande forma de repartição dos indivíduos na ordem escolar: filas de alunos na sala, nos corredores, nos pátios; colocação atribuída a cada um em relação a cada tarefa e cada prova; colocação que ele obtém de semana em semana, de mês em mês, de ano em ano; alinhamento das classes de idade umas depois das outras; sucessão dos assuntos ensinados, das questões tratadas, segundo uma ordem de dificuldade crescente (FOUCAULT, 1987, p. 126).

Feita essa ordenação, a disciplina precisa controlar as atividades nesse espaço fechado e devidamente esquadrinhado. Evidentemente, um dos primeiros e mais antigos modos para isso é o horário. Mas é preciso que o tempo seja observado não somente para ser cumprido, mas para ser otimizado, ou seja, bem aproveitado. Na fábrica se colocam encarregados e fiscais, elimina-se tudo o que pode desviar a atenção do trabalho, como brincadeiras entre os operários por meio de gestos ou conversas paralelas, comer ou beber nas oficinas, entre outras atividades.

Na escola o processo é semelhante, mas também é preciso agir sobre o corpo, sobre a aquisição dos gestos da criança diretamente, para adquirir um aprendizado mais rápido e eficiente, aproveitando melhor o tempo. Foucault dá como exemplo a caligrafia. Muitos se lembram do famoso caderno de caligrafia. Ele era utilizado com um acompanhamento de perto, em "uma rotina cujo código abrange o corpo por inteiro, da ponta do pé à extremidade do indicador" (p. 130). É uma ginástica: o corpo deve ficar ereto, porém um pouco inclinado para a esquerda e para a frente, cotovelo apoiado na mesa etc., tudo observado pelo professor, que corrigia alguma incorreção, muitas vezes com um simples olhar ou sinal.

O tempo também será dividido em relação aos conteúdos, serializado. Primeiro as séries de atividades, exercícios com dificuldades crescentes, depois a repartição em série de conhecimentos, separação dos próprios indivíduos em séries múltiplas (primeira, segunda, terceira séries) conforme a progressão do aprendizado, a compartimentalização dos saberes em disciplinas bem-definidas e assim por diante. O século XVIII foi para Foucault justamente aquele do disciplinamento dos saberes, isto é, a organização dos conteúdos como disciplina, com campo próprio e bem-definido, regulamentando o que era certo ou errado em determinada área do saber, e a criação de hierarquias entre os saberes.

Existiam antes a ciência, os outros saberes e a filosofia. O papel fundamental da filosofia era promover a ligação, a comunicação entre a ciência e os outros saberes. Era uma função, digamos, efetiva que a filosofia podia desempenhar na produção de conhecimento. Uma vez que o disciplinamento dos saberes acontece, a filosofia desaparece enquanto realizadora desse papel fundador e fundamental (FOUCAULT, 1999). Muitos saberes são incorporados pela ciência, pelas séries de ciências disciplinares que são criadas.

Na verdade, como diz o filósofo francês, o poder disciplinar quer menos se apropriar e retirar algo de alguém, pois sua função maior é "adestrar" (FOUCAULT, 1987). Para tanto, ele usa três instrumentos infalíveis, ou ainda três "recursos para um bom adestramento" (p. 143), que veremos mais especificamente aqui para o que nos interessa em relação ao mundo da escola:

» O olhar hierárquico: sabemos pela experiência que, muitas vezes, um simples olhar basta para que se entenda o que se deve, o que se pode ou não fazer. Mas Foucault vai além e diz que esse olhar, que diferencia quem sujeita e quem é sujeitado, transforma-se em observatório de vigilância com as disciplinas e se vale, inclusive, de técnicas arquitetônicas. A escola-edifício deve ajudar no adestramento da circulação dos alunos e facilitar a vigilância, com grandes corredores repartidos em salas, que lembram as celas das prisões. A vigilância torna-se um fator econômico importante para a produção nas fábricas. Na escola ela se integra à relação pedagógica: havia antigamente a escolha dos representantes de classe, os repetidores, os monitores, que auxiliavam o professor, muitas vezes com o papel de fiscalizar o comportamento dos demais alunos.

» A sanção normalizadora: sanção significa a aplicação de uma pena por uma violação a uma determinada regra ou conduta considerada inadequada. Nesse tipo de sociedade a penalidade disciplinar sempre se dirige aos desvios, ao que é impróprio, ao que foge àquilo que é considerado normal, e que, portanto, afetará a produtividade. Mesmo sendo uma pequena infração, a "falta" escolar deve ser punida de alguma forma, pois impedirá o aproveitamento da matéria. Foucault diz que o castigo disciplinar, que procura reduzir os desvios, tende a ser corretivo e a basear-se em exercício: "castigar é exercitar", como listas de exercícios para compensar as faltas (p. 150). Por outro lado, não convém que o professor faça uso do castigo, principalmente com frequência. Ao contrário, ele deve *recompensar* o quanto mais possível e diminuir as penas, somente reforçando de tempos em tempos a ideia de que elas existem, criando assim no aluno o desejo de ser gratificado por suas tarefas e o receio de ser punido. É um sistema duplo de gratificação-sanção, nos lembra Foucault. Esse sistema não visa necessariamente a repressão, mas tem por função afastar o que é desviante com cinco operações distintas: "relacionar os atos, os desempenhos, os comportamentos singulares a um conjunto, que é ao mesmo tempo campo de comparação, espaço de diferenciação e princípio de uma regra a seguir" (p. 150). Eis um sentido importante da *normalização*, diferenciar os indivíduos quantitativamente e por hierarquia, a ponto de ter parâmetros médios de comportamentos ou ótimos para a gratificação. O Normal servirá como base de controle e de delimitação para os que estiverem fora dos graus de normalidade.

» O exame: este é um instrumento bem conhecido, mas não menos importante, já que combina a vigilância e a sanção normalizadora. Se por um lado permite qualificar e classificar os indivíduos segundo suas capacidades, ao mesmo tempo faz com que as notas, por exemplo, sirvam para diferenciar os indivíduos que fogem ao padrão médio ou ótimo, e assim sancionar exercícios, recuperações e outras atividades afins. No exame, observamos mais explicitamente as relações de poder, porque inclusive é necessário um ritual (p. 154). O dia da prova ou do exame em geral segue todo um protocolo, uma série de procedimentos. Outro ponto é que o exame faz a individualidade "entrar para um campo documentário" (p. 157). O que Foucault quer dizer com isso? É porque o exame é escrito, entra numa rede de anotações escritas, gera um histórico, cria índices, em suma, codifica o indivíduo. Por exemplo, é preciso que aluno tenha um registro (RA); esse aluno tem uma série de notas em um semestre, por disciplinas que têm um nome e um código (Matemática 1 – M1). Então, teremos o Aluno A, que tirou a Nota 7,0 na disciplina M1. Assim se acumulam as notas, gerando um histórico escolar, localizável e comparável aos outros. Mais ainda, entra-se no cálculo estatístico coletivo, de uma classe, de uma população de alunos de uma determinada cidade ou região. Quanto mais se individualiza, mais se normaliza para o todo, mais as normas aparecem como referência, mais fácil detectar os desvios. Por isso, Foucault diz que num sistema de disciplina "a criança é mais individualizada que o adulto, o doente o é antes do homem são, o louco e delinquente mais que o normal e o não delinquente" (p. 161).

Não deixam de ser mecanismos conhecidos por todos, mas que nem sempre nos damos conta de como fazem parte de um conjunto de ações disciplinares. Mesmo assim, habitualmente as palavras para referir-se a esse processo são sempre em sentido negativo, o que significa que, embora pareçam mecanismos conhecidos, ainda não compreendemos bem a lógica embutida neles. Como alerta Foucault:

> Temos que deixar de descrever sempre os efeitos de poder em termos negativos: ele "exclui", "reprime", "recalca", "censura", "abstrai", "mascara", "esconde". Na verdade o poder produz; ele produz realidade; produz campos de objetivos e rituais da verdade. O indivíduo e o conhecimento que dele se pode ter se originam nessa produção (FOUCAULT, 1987, p. 161).

Em nenhum momento essa frase de Foucault pretende esconder os efeitos nocivos nas relações de poder, seja na escola ou em qualquer outro setor da sociedade.

Ao contrário, é um forte posicionamento político e que pode ser uma grande contribuição também para a educação e o ensino. O que ele está querendo alertar é que ao invés de ficar apontando e criticando os efeitos negativos do poder é melhor conhecer em detalhe os seus mecanismos, sua forma de produção, onde e como ele aumenta sua produtividade na criação de verdades, ou seja, conhecer seu funcionamento no mais íntimo. Esse conhecimento é importante para que se possa atuar no sentido de traçar linhas diferentes de ação no sistema de ensino, não somente na camada das políticas públicas, mas também, e principalmente, na escala micro, nas relações entre as pessoas, e agora cada vez mais com as máquinas, no processo de ensino-aprendizagem.

Por exemplo, embora as relações de poder nas disciplinas tenham mecanismos que se aplicam no mundo do trabalho e no mundo da escola, como foi dito, esses são mundos diferentes, com temporalidades diferentes, mas que vez ou outra se confundem e se influenciam mutuamente, graças à aproximação com o mercado de trabalho. Portanto, compreender as relações de poder nos detalhes no sistema educacional e mesmo suas influências a partir do mercado de trabalho é fundamental para pensar a área educacional.

9.4 A crise das disciplinas, o controle em espaço aberto e a educação

No filme *A nós, a liberdade,* do cineasta francês René Clair, dois amigos tentam a fuga de uma prisão. Um deles consegue escapar, o outro sairá da prisão somente depois. Aquele que conseguiu fugir acaba virando um industrial de sucesso no ramo de discos fonográficos e torna-se muito rico. O outro que saiu da prisão depois continuou pobre. Posteriormente eles se encontram, e a narrativa da comédia segue seu caminho nos conflitos desse reencontro.

Uma sequência do filme começa mostrando a fábrica do amigo rico, os operários transitando como em um quartel do exército, às vezes parecendo prisioneiros, e em seguida vemos uma linha de montagem na qual os aparelhos fonográficos estão sendo feitos. Há um corte para o amigo pobre, fora da fábrica, deitando-se num gramado, aproveitando tranquilamente sua liberdade. Ele está em primeiro plano deitado ao ar livre, entre as flores, e ao fundo aparece a fábrica com suas chaminés. Ele adormece. Surgem na cena dois soldados policiais que se encaminham até ele e chutam suas costas para acordá-lo. Em seguida vemos apenas as botas dos soldados e ele olhando para cima. Sem nenhuma polidez ou delicadeza, um dos soldados inicia uma pergunta:

> – *Você não trabalha?*
> – *Você não sabe que...*

Nesse momento, de repente, há um corte da cena para dentro de uma sala de aula. Um professor atrás de uma mesa em cima de um tablado, em uma posição mais alta que a dos alunos, completa a frase dos policiais, pausadamente, como que fazendo um ditado:

> – *...o trabalho é obrigatório. Porque o trabalho é a liberdade.*

Os alunos em coro começam a cantar uma canção, enquanto escrevem sentados em suas carteiras, repetindo as palavras do mestre:

> – *...o trabalho é obrigatório, porque o trabalho é a liberdade.*

Outro corte para a linha de montagem, num trabalho repetitivo e entediante, o trabalhador de cabeça baixa ajusta mais uma peça no produto. Mais um corte, de volta para os policiais que seguram forte o amigo pobre, um de cada lado, e o levam em direção à fábrica. O amigo pobre ainda para e recolhe uma flor, para irritação dos soldados, que o puxam novamente em direção à fábrica.

Essa cena não só resume muito do que foi falado na seção anterior sobre as relações de poder na sociedade disciplinar, mas traz de forma sutil outras particularidades que serão exploradas em outro capítulo deste livro, como o trabalho sinônimo de liberdade, o trabalho que liberta. René Clair, com maestria, relaciona em uma única cena a indústria, a escola, a prisão, o exército, as instituições disciplinares, como complementares, como partes de uma grande engrenagem. O curioso é que esse filme foi realizado em 1931, servindo inclusive de influência para o *Tempos modernos*, de Chaplin.

Conhecemos bem essas instituições disciplinares: família, fábrica, prisão, escola, hospital, exército, entre outras. Elas estão em nossa sociedade atual ainda, evidentemente. Vamos ainda da casa para a escola, para o trabalho, para o hospital, alguns para as prisões. Percebemos na seção anterior, com Foucault, que nessas instituições as relações de poder tinham forma de funcionamento disciplinar, mesmo que o modo como se aplicam os mecanismos seja diferente de instituição para instituição.

Mas, será que elas ainda funcionam do mesmo modo, será que as relações de poder ainda são disciplinares? Vivemos ainda em uma sociedade disciplinar?

Se abrimos um jornal para ler ou mesmo se vemos um telejornal, as notícias sempre giram em torno da necessidade de repensar essas instituições. "É preciso rever nosso sistema penitenciário"; "Temos que melhorar as condições de nosso sistema educacional, pagar melhor nossos professores, formar melhor nossos alunos, ter melhores escolas"; "Os alunos não respeitam mais os professores como antes"; "Nossos hospitais estão uma calamidade, precisamos aprimorar o sistema de saúde para que o povo seja mais bem atendido"; "A família não é mais a mesma de antigamente, composta de um marido do sexo masculino e uma esposa do sexo feminino, hoje casais de mesmo sexo já podem adotar filhos"; "Como aquele médico pôde esquecer uma tesoura no estômago do paciente?"; "Não há mais leitos em nossos hospitais, pacientes são atendidos nos corredores"; "Indústria automobilística demite 5.000 mil funcionários em um ano". "Número de empregos formais diminui, trabalhadores fazem cursos de reciclagem para adquirir outras competências." São notícias, frases e opiniões que fazem parte do nosso cotidiano.

Tudo parece estar em reforma, precisando de reforma, tudo parece estar em crise, em constante questionamento, parece não funcionar mais como funcionava antes. Esse é o diagnóstico a que chega outro filósofo francês, Gilles Deleuze, em seu texto *Post-scriptum sobre as sociedades de controle*, a partir da análise de Foucault sobre as sociedades disciplinares:

> Reformar a escola, reformar a indústria, o hospital, o exército, a prisão; mas todos sabem que essas instituições estão condenadas, num prazo mais ou menos longo. Trata-se apenas de gerir sua agonia e ocupar as pessoas, até a instalação das novas forças que se anunciam. São as sociedades de controle que estão substituindo as sociedades disciplinares. "Controle" é o nome que Burroughs propõe para designar o novo monstro, e que Foucault reconhece como nosso futuro próximo (DELEUZE, 1992, p. 220).

Há hoje em dia, se prestarmos atenção, um conflito, mental inclusive: sentamos em uma carteira da escola, mas, enquanto o professor faz explanação da sua disciplina, acessamos mecanismos de busca como o Google sobre o assunto em pauta, acessamos redes sociais, mandamos mensagens para o companheiro ao lado, e com um dos fones de ouvido escutamos um som que nos agrada. Tudo ao mesmo tempo. Será que essa disposição da sala de aula ainda funciona? Imaginemos uma aula em um laboratório de informática, por exemplo. O professor tenta explicitar o conteúdo da matéria, passa um exercício, e quando corre o olho pelos monitores estão em outra "estação", em algum site com assunto completamente diverso, bastando um ALT+TAB (sequência de teclas para mudar de uma página para outra) para ir e vir ao que interessa sob os olhos do professor. Quando o conteúdo será apreendido realmente, e como? Ou o conteúdo está sendo aprendido assim mesmo, ou ele nem interessa? O problema é a tecnologia? Será que enquanto se navega, se transita por todos os lados na internet, ali está acontecendo captação de conhecimento como antes? E as formas de adestramento funcionam ainda: olhar hierárquico, sanção normalizadora e o exame?

Parece que tudo está sendo feito como era: o professor está na frente da classe, observa os movimentos, as carteiras estão enfileiradas, as salas no corredor como sempre, as provas sendo aplicadas normalmente, o professor anota as notas das avaliações e as faltas, os alunos têm RA e assim por diante. Mas algo parece não funcionar bem no conjunto. É como se houvesse uma defasagem entre os procedimentos que estão em processo, a arquitetura global, incluindo os edifícios, e o que a realidade pede, em que alunos e professores se sentem sempre insatisfeitos por algum motivo que lhes escapam.

Deleuze, mesmo sabendo das potencialidades das tecnologias da informação, não parece tão otimista quanto Pierre Lévy com relação aos rumos que estavam tomando as coisas:

> O que está sendo implantado, às cegas, são novos tipos de sanções, de educação, de tratamento. Os hospitais abertos, o atendimento a domicílio, etc., já surgiram há muito tempo. Pode-se prever que a educação será cada vez menos um meio fechado, distinto do meio profissional – um outro meio fechado –, mas que os dois desaparecerão em favor de uma terrível formação permanente, de um controle contínuo se exercendo sobre o operário-aluno ou o executivo-universitário. Tentam nos fazer acreditar numa reforma da escola, quando se trata de uma liquidação. Num regime de controle nunca se termina nada (DELEUZE, 1992, p. 216).

O que está em jogo não é otimismo ou pessimismo em relação às mudanças após a Revolução da Tecnologia da Informação. Deleuze mesmo não está preocupado com isso. Assim como Foucault, ele estava interessado em entender o funcionamento das relações de poder nessa nova situação, nos diversos setores da sociedade. É uma sociedade em que o confinamento não é mais prioridade, o controle tem que acontecer em espaço aberto, ao ar livre. Lembremos de como as câmeras de vigilância estão por todos os lados, inclusive nos pátios das escolas, cada vez mais sofisticadas, e os próprios *smartphones* que carregamos têm dispositivos de localização.

Não dizemos mais que trabalhamos em uma fábrica, mas em uma empresa. Essa mudança de nomenclatura não é sem sentido. Deleuze diz que a empresa é "uma alma, um gás". Ora, o que Deleuze quer dizer com a empresa é um gás? Na física o gás é uma matéria com moléculas afastadas que tende a se expandir espontaneamente, é algo fluido. É muito comum nos dias atuais as pessoas estarem em suas casas respondendo *e-mails* do trabalho ou ainda conversando sobre a empresa no restaurante ou em outro lugar de encontro social. Mais do que isso, organizam suas vidas em função da vida empresarial ou como na vida empresarial. Vida pessoal e vida profissional se misturam cada vez mais. Tudo precisa "agregar valor", até mesmo afetivo, só para citar um dos termos do jargão corporativo, que se multiplicam e se renovam de tempos em tempos. Tudo precisa ser empreendido, é preciso ter uma alma

O Mundo do Trabalho e o Mundo da Escola

empreendedora, sempre e em qualquer situação, por questões de sobrevivência até. Como um gás que se respira, ela invade o mais íntimo da vida dos indivíduos, do lazer à educação.

A venda é a alma da empresa, e, sendo assim, o marketing torna-se a melhor ferramenta para controle social. Daí vem a famosa frase: a propaganda é a alma do negócio. Deleuze dirá que o homem não é mais aquele do confinamento, mas o homem endividado (p. 224). Basta vermos o quanto de crédito a perder de vista é oferecido em todos os setores. O controle em espaço aberto se aproveita dos mecanismos sociotécnicos para ter maior eficácia. É um tipo de controle de curto prazo e rotação rápida, mas também contínuo e ilimitado, lembra o filósofo. Cartões de crédito, cheque especial, cadastros para compras nas lojas reais ou virtuais, cadastros os mais diversos feitos na internet, são dados que vão para bancos de dados eletrônicos os mais diversos e auxiliam no mecanismo de controle via marketing.

Navegando na internet é muito fácil perceber que se entramos em um *site* de compras interessados em algum determinado produto, após vários dias, quando estamos em outro *site* sem qualquer relação, ficamos recebendo mensagens oferecendo aquele produto pelo qual nos havíamos interessado anteriormente. Trata-se porém de um mundo em que ter acesso é primordial para a sobrevivência, e para tanto é preciso ter algumas senhas: talvez um bom cartão de crédito, por exemplo, ou mesmo ter informação privilegiada sobre um determinado sistema de informação, suficiente para saber transitar bem no mundo informatizado. Portanto, ainda a desigualdade social se manifesta de forma cruel, pois o capitalismo manteve grande parte da humanidade fora desse processo, na extrema miséria, "pobres demais para a dívida, numerosos demais para o confinamento" (p. 224).

Acaba havendo uma relação entre as origens e os destinos sociais, ou seja, a desigualdade social é reforçada conforme a herança, conforme vimos em Bourdieu e Passeron, porém essa desigualdade parece cada vez mais distante de ser superada para muitos do planeta que têm preocupações mais urgentes, como matar a fome. O sistema da meritocracia, aquele privilegia os critérios de inteligência e aptidão individuais, considerando-os modos mais igualitários e democráticos para ascensão e colocação social dos indivíduos, ajuda nesse processo.

A escola aparece sempre como aquela instituição capaz de quebrar essas barreiras e reduzir as desigualdades sociais. Além de se questionar essa confiança na escola, como pensá-la num momento em que a educação passa por crise e ao mesmo tempo em que a fábrica é substituída pela empresa e esta está cada vez mais presente no ambiente escolar, na sua lógica de funcionamento? As empresas transformam seus funcionários, ou colaboradores, em investidores, em capital humano, um termo por si só ambíguo. Como o salário ou o rendimento é cada vez mais por mérito, deve haver um constante investimento em si mesmo, na própria formação, para que se tenha sucesso no mundo corporativo. As implicações desse processo refletem-se no sistema educacional: "Assim como a empresa substituiu a fábrica, a formação permanente tende a substituir a escola, e o controle contínuo substitui o exame. Este é o meio mais garantido de entregar a escola à empresa" (DELEUZE, 1992, p. 221).

A formação é permanente, ilimitada, nunca acaba. Entendamos que não estamos falando de uma formação intelectual para desenvolvimento pessoal, mas de uma formação que precisa atender constantemente as exigências do mercado e da velocidade das mudanças sociotécnicas. Tem-se a impressão, mas talvez não seja só impressão, de que nunca se termina nada, daí a formação permanente, uma dívida eterna.

Independentemente de concordarmos com os termos aqui estudados, sociedades disciplinares e sociedades de controle, o fato é que um movimento da sociedade está acontecendo em nossos dias, e é visto a olho nu, no dia a dia. Os regimes de funcionamento mudam em todas as instituições. No que se refere ao educacional, Deleuze resume da seguinte forma:

> No regime escolar: as formas de controle contínuo, avaliação contínua, e a ação da formação permanente sobre a escola, o abandono correspondente de qualquer pesquisa na Universidade, a introdução da "empresa" em todos os níveis de escolaridade (DELEUZE, 1992, p. 225).

Esse diagnóstico pode parecer pouco animador, mas, ao contrário, pode dar pistas de atuação para aqueles interessados no estudo da relação entre sociedade, educação e trabalho. Por exemplo, um ponto crucial é o caso da pesquisa na universidade que segue diminuindo a passos largos, ou somente aumenta na relação universidade-empresa em inovação tecnológica com fins de aplicação comercial. O problema não é apenas apontar essa tendência, mas entender como vem se dando essa relação em seus detalhes e suas implicações sociais. É um dos desafios, dos muitos a serem enfrentados.

Vamos recapitular?

Sabemos que a criança não trabalha, ou pelo menos não deveria. No entanto, ainda vemos denúncias de trabalho infantil em várias partes do mundo. Todavia, como vimos, esse é um fato histórico relativamente recente, já que as crianças se ocupavam das tarefas do lar e trabalhavam como aprendizes nas oficinas. Antigamente, o mundo da escola confundia-se com o mundo do trabalho. A escola como a conhecemos é uma conquista histórica tardia.

Vimos que o mundo da escola segue uma lógica diferente do capital e do mundo do trabalho. É um espaço com outras preocupações, outras temporalidades. No entanto, cada vez mais esse espaço é invadido pela lógica de mercado, principalmente pela questão da empregabilidade. A própria escola precisa pensar os limites dessa invasão e seus efeitos para a sociedade como um todo.

Mas, para realizar essa reflexão é prioritário entender as relações de poder dentro de seu próprio espaço, de como o poder se reproduz nas ações sociais conduzidas por seus participantes, não só atualmente, mas ao longo da história, em seus diversos momentos.

Neste capítulo, vimos como essas relações de poder aparecem em dois momentos. O primeiro, estudado por Foucault, as sociedades disciplinares, que se caracterizam por técnicas de confinamento, de vigilância, de regras e normalizações, seguindo a prática da gratificação sanção. O objetivo é tornar a individualização produtiva e poder detectar os desvios da norma. O segundo momento, atual mas que se mescla com as disciplinas, é quando se precisa exercer o controle em espaço aberto, uma vez que as instituições disciplinares encontram-se em crise, em estado permanente de reforma. Uma característica apontada pelo filósofo Gilles Deleuze é a substituição da lógica industrial e fabril para uma baseada na empresa. Essa mudança trará reflexos no regime de funcionamento das várias instituições, desde o hospital até a escola.

Compreender em detalhes essa mudança em curso e suas relações de poder correspondentes é essencial para se pensar a educação em sua relação com o trabalho na sociedade contemporânea.

Agora é com você!

1) Assista ao curta-metragem *Crianças invisíveis*, de Kátia Lund, produzido em 2010. Esse vídeo está disponível em <www.youtube.com/watch?v=OIQQ_26E3hk>. Associe o conteúdo do vídeo ao conteúdo deste capítulo.

2) Assista ao vídeo *Vida Maria*, que está disponível em <portacurtas.org.br/filme/?name=vida_maria>. Esse vídeo, produzido em 2007, é um curta-metragem de animação que mostra a vida das meninas pobres no Nordeste brasileiro. Associe o conteúdo e faça associações entre seu conteúdo e o que foi abordado no capítulo.

3) Foucault fala em três mecanismos de adestramento típicos das sociedades disciplinares. Quais são eles, e como são suas formas de funcionamento?

4) Na passagem das sociedades disciplinares para as de controle, o filósofo Gilles Deleuze aponta uma transformação na passagem da fábrica para a empresa. Qual é a lógica dessa passagem, e como ela afeta a educação? Como vemos isso acontecer em nosso dia a dia? Além dos exemplos do texto, procure discutir com seus companheiros outros a partir de suas experiências.

O Trabalho como Princípio Educativo

Para começar

O objetivo deste capítulo é dar subsídios para o aluno ampliar a sua concepção de trabalho e de formação para o trabalho, o que significa repensar as relações entre a escola, a sociedade e o trabalho. Este capítulo faz um resgate histórico e filosófico da ideia de trabalho, destacando como esse conceito é a primeira mediação entre o homem e a realidade material e social, mas que não pode ser compreendido só do ponto de vista econômico.

10.1 O homem é produtor de cultura

O homem é produtor de cultura. Essa afirmação assim condensada esconde por detrás de sua formulação uma série de conceitos e abordagens historicamente determinadas do que seja o homem e do que seja a cultura. De qualquer forma, o que une os dois termos da equação (homem e cultura) é a produção. O homem produz os objetos e as circunstâncias externas a ele, ou seja, ele é responsável pelo processo de transformação da natureza. Nesse processo de produzir cultura, ou seja, algo que de alguma forma se coloca como diferente da natureza, ocorre a produção do homem por ele mesmo e da relação com essa natureza que aos poucos é transformada.

Podemos, neste momento, começar a conjecturar sobre como a espécie humana não se determina a si mesmo todo o tempo, estando sujeita às circunstâncias não propriamente controláveis, como alguns fenômenos da natureza. É importante lembrar que a ideia de cultura surge deste embate: o homem tentando controlar a natureza e, assim, aprendendo a se controlar e a controlar seus semelhantes. O homem produzindo alternativas às condições naturais dadas e assim não só produzindo uma segunda natureza, mas produzindo a si mesmo enquanto espécie.

> **Fique de olho!**
>
> A segunda natureza é entendida como o resultado da ação humana sobre o ambiente natural, gerando ambientes e paisagens artificiais. A ação do homem sobre a natureza pode se tornar uma segunda natureza em função do esquecimento da historicidade dessa ação, considerando-se o homem ele mesmo submetido e limitado às condições criadas por ele próprio. O homem, na sua relação com a natureza e a sociedade, cria regras e procura explicar os resultados de suas ações como responsabilidade da natureza. Esse sistema de conhecimentos, regras, convenções sociais e explicações naturalizadas para as questões sociais foi considerado por Georg Lukács a segunda natureza, muitas vezes mais difícil de transformar do que a própria natureza.

A segunda natureza também faz parte da cultura. Ou seja, a cultura é a produção de símbolos, de representações, de significados e das normas que regulam os comportamentos sociais dos quais participam.

Podemos compreender a história da humanidade como a história da produção da existência humana. À medida que, mediados pelo trabalho, realizamos a apropriação social das potencialidades da natureza, produzimos conhecimentos que foram se consolidando em instrumentos de trabalho, em técnicas as mais variadas, em ciência e tecnologia.

Uma antiga questão debatida entre os primeiros filósofos e que continua ainda tema de estudo entre psicólogos, médicos, sociólogos e toda sorte de conhecimento que busque compreender a evolução da humanidade é a tentativa de discernir os limites entre a ação do indivíduo no meio em que vive. O espaço em que atuamos tem que tipo de interferência na nossa constituição biológica e social?

O pensador Milton Santos afirma que podemos entender a relação do homem com o seu meio analisando as relações mais amplas da sociedade com a natureza, mediatizadas pelo trabalho (SANTOS, 1993). O que significa dizer isso?

Compreendemos e transformamos a nossa natureza e o mundo que nos abriga construindo grupos sociais. Esse processo de construção que permeia essa compreensão e essa transformação é o que chamamos trabalho. Ou seja, o trabalho é ação humana a partir da qual o indivíduo se constitui, forma grupos e culturas, e constrói historicamente suas relações com a natureza interna a si mesmo e também externa. Ou, ainda, simplificando, o trabalho é a sociedade em movimento. Isso significa que para compreender a sociedade precisamos conhecer as formas de produção da existência e as relações de trabalho ali existentes ao longo do tempo. Assim como as sociedades mudam, as formas de produção da existência também mudam. O que permanece mediando essas relações é o trabalho, que não pode ter uma única interpretação e perspectiva. Daí a necessidade de estudarmos a história da ideia de trabalho na medida em que é algo que forma o homem, a sociedade, a cultura. O trabalho é a primeira mediação entre o homem e a realidade material e social (PACHECO, 2012).

Mas e os animais trabalham? Não no sentido que aqui queremos enfatizar, quanto à produção de uma sociedade em movimento. Para Paulo Freire, o homem é um animal tão inacabado quanto uma árvore ou um cão. A diferença é que o homem compreende que é inacabado e por isso se educa. Ser inacabado e reconhecer-se como tal implica buscar constantemente ampliar seus horizontes, o que não ocorre com outros seres da natureza. Educar e educar-se é estabelecer relações consigo mesmo e com o mundo. O animal não seria, como o homem, um ser de relações, mas de contatos: "está no mundo e não com o mundo" (FREIRE, 1999, p. 30). Aristóteles tinha grande apreço pelas abelhas por sua incansável lida na produção da colmeia e do mel, mas reconhecia a dificuldade delas ao não estabelecerem, como os homens, a linguagem. "As abelhas, por exemplo, não podem fazer um mel especial para consumidores mais exigentes. Estão determinadas pelo instinto" (FREIRE, 1999, p. 31).

Outro animal bastante celebrado como exemplo de trabalho incansável é a formiga. Todos, da infância à fase adulta, ouvimos, contamos e recontamos a fábula da cigarra e da formiga. Nessa fábula, que dificilmente os adultos esquecem de contar para as crianças, a cigarra aparece como representante do ócio. A formiga, no entanto, é exemplar quanto ao trabalho.

Porém, nem abelhas, nem formigas ou qualquer outro animal que possamos mencionar foram capazes de transformar a natureza em um "para si", ou seja, algo a seu próprio dispor, como tem feito o homem. Essa relação do homem com a natureza tem gerado, ao longo do tempo, progresso e destruição, a cura de inúmeras doenças e o surgimento de tantas outras.

De qualquer maneira, o trabalho aqui entendido é o trabalho humano que é capaz de construir um outro mundo, um mundo artificial.

Pacheco destaca, quanto às diferenças entre as realizações humanas e as dos outros animais, o seguinte:

> O caráter teleológico da intervenção humana sobre o meio material, isto é, a capacidade de ter consciência de suas necessidades e de projetar meios para satisfazê-las, diferencia o homem do animal, uma vez que este não distingue a sua atividade vital de si mesmo, enquanto o homem faz da sua atividade vital um objeto de sua vontade e consciência. Os animais podem reproduzir, mas o fazem somente para si mesmos; o homem reproduz, porém de modo transformador, toda a natureza, o que tanto lhe atesta quanto lhe confere liberdade e universalidade. Dessa forma, produz conhecimentos que, sistematizados sob o crivo social e por um processo histórico, constituem a ciência (PACHECO, 2012, p. 65).

Milton Santos (1993) nos alerta que a natureza natural não é trabalho. Já o seu oposto, a natureza artificial, resulta de trabalho vivo sobre trabalho morto. Quando a quantidade de técnica é grande sobre a natureza, o trabalho se dá sobre o trabalho. Então, podemos afirmar que o trabalho humano se diferencia da natureza porque é trabalho sobre trabalho. O que significa dizer que o trabalho humano se caracteriza não só pelo resultado que se observa, mas pelo processo que não se dá senão através dos instrumentos de trabalho. O homem, ao longo da sua história, produz instrumentos de trabalho que se diversificam e se aperfeiçoam, resultando em objetos culturais que, afirma o autor, são apenas resultados do trabalho corporificado.

Isso quer dizer que, novamente, não podemos dissociar o homem do que ele produz. As técnicas e diferentes instrumentos de trabalho, da pedra lascada ao computador, são objetos culturais, são corporificações do trabalho humano.

O interessante é observar como o homem, ao longo desse processo histórico, vai se diferenciando e até se distanciando dos instrumentos de trabalho por ele mesmo criados.

10.2 Instrumentos de trabalho produzindo o homem

Compreender o homem e a sociedade, como estamos vendo, é tentar perceber a trajetória nem sempre harmoniosa e bem-sucedida entre o que é mais natural ao mais artificial. O que percebemos é o crescente domínio dos instrumentos de trabalho e cada vez mais o domínio das técnicas. Quando pensamos na evolução do nomadismo ao sedentarismo, é importante que consideremos que apenas com instrumentos apropriados é que o homem conseguiu deixar de depender apenas da coleta e pôde desenvolver uma agricultura rudimentar. Também foi com instrumentos apropriados que conseguiu sair da caverna e construir a sua própria moradia.

O Trabalho como Princípio Educativo

Milton Santos (1993), analisando o impacto da ação humana sobre a paisagem, considera que em eras remotas os instrumentos de trabalho eram um prolongamento do homem, mas, à medida que o tempo passa, vão transformando-se em prolongamentos da terra, próteses ou acréscimos à própria natureza, duráveis ou não. Sem os instrumentos de trabalho como estradas, edifícios, pontes, portos, depósitos etc., a produção é impossível.

A sociedade moderna é a sociedade das próteses, em que o poder humano se prolonga para muito além do próprio homem e de suas forças físicas. Milton Santos ainda considera que nada há mais hoje que escape à presença do homem.

Milton Santos (1993) está nos falando do século XX. Iniciando o século XXI, essa percepção se amplia através do domínio crescente do conhecimento técnico científico sobre a natureza, ao ponto de já termos avanços no que se convencionou chamar de inteligência artificial e controle genético da reprodução de seres vivos.

Quando mencionamos a criação e a utilização dos instrumentos de trabalho, estamos abordando também a preparação do indivíduo para lidar com esses instrumentos, das habilidades necessárias não só para manuseá-los como para aperfeiçoá-los. Apesar de ser comum falarmos de avanço técnico e tecnológico como algo externo ao homem e fora do seu próprio controle, o homem é que tem criado e transformado *ad infinitum* os instrumentos de trabalho. Com isso ele também se transforma, tendo que se adaptar aos novos instrumentos que ele mesmo cria.

Quando pensamos na educação para o trabalho, essa questão se mostra com imensa complexidade. As novas gerações são produtoras de novas formas e instrumentos de trabalho, mas também, dependendo das condições sociais e políticas, precisam se submeter a elas, num processo mais de adaptação e sobrevivência do que de transformação da sociedade.

Algo que representa bem isso são as cenas clássicas do filme *Tempos modernos,* de Charlie Chaplin, em que o operário incorpora os movimentos repetitivos da produção em série. Nos primeiros tempos da industrialização, era comum a ideia de que o trabalho monótono e repetitivo das fábricas brutaliza o operário, embotando o seu pensamento.

O que queremos destacar é que os instrumentos de trabalho e toda a tecnologia conhecida são trabalho humano materializado e nada impõem ao homem por si só. Sempre dizem respeito às condições de vida e de liberdade que se imagina ou que se possa ter.

Amplie seus conhecimentos

Procure assistir ao filme *Tempos modernos*, de Charlie Chaplin, para identificar o que aprendemos neste item do capítulo.

10.3 Do trabalho escravo ao trabalho alienado

Trabalho e sobrevivência são duas coisas facilmente associáveis. Trabalho e liberdade, nem tanto. Na seção anterior falávamos dos instrumentos de trabalho como prolongamento da força e inteligência humanas. No entanto, o que temos é que a sofisticação dos instrumentos de trabalho não resulta para todos, nem ao mesmo tempo, nem de maneira equivalente, em liberdade, em tempo livre.

Os instrumentos de trabalho foram os responsáveis por ampliar as capacidades físicas do homem, e também por poupá-las. A invenção da roda parece ser o início da entrada da humanidade na era do progresso: tudo girando e sendo movimentado mais facilmente.

Veja a ironia do escritor Millôr Fernandes quanto ao advento da roda:

> Com o passar dos séculos – o homem sempre foi muito lento – tendo desgastado um quadrado de pedra e desenvolvido uma coisa que acabou chamando de roda, o homem chegou, porém, a uma conclusão decepcionante – a roda só servia para rodar. Portanto, deixemos claro que a roda não teve a menor importância na História. Que interessa uma roda rodando? A ideia verdadeiramente genial foi a de colocar uma carga em cima da roda e, na frente, puxando a carga, um homem pobre. Pois uma coisa é definitiva: a maior conquista do homem foi outro homem. O outro homem virou escravo e, durante séculos, foi usado como transporte (liteira), ar refrigerado (abano), lavanderia, e até esgoto, carregando os tonéis de cocô da gente fina (FERNANDES, 1978).

A maior invenção humana, para Millôr Fernandes, não foi a roda, mas a exploração do trabalho alheio. Aliado aos estudos sobre os instrumentos de trabalho, é importante que saibamos a quem se destina o trabalho e que tipos de trabalho se destinam para esses ou aqueles grupos de pessoas. É evidente que nos nossos conhecimentos de história vamos identificar longos períodos e formas de escravidão: a escravidão antiga, a escravidão moderna, o trabalho infantil, o trabalho escravo nas grandes cidades.

Para avançarmos na nossa reflexão, vamos retomar a nossa argumentação até agora:

1º O homem produz cultura, e essa produção, que é domínio sobre a natureza, é o trabalho humano.

2º O trabalho humano, ao longo da história, tem sido a mediação entre natureza e sociedade.

3º Para compreender o trabalho humano é necessário analisar os instrumentos de trabalho que, além de possibilitar o controle sobre a natureza, também participam no processo de formação do próprio homem.

4º Ao estudarmos os instrumentos de trabalho, descobrimos a história da relação do homem com a natureza e o domínio do homem sobre outros homens. A história do trabalho também é a história da escravidão: do domínio de grupos sociais que, produzindo e controlando os instrumentos de trabalho, dominam outros grupos.

Podemos compreender de maneira simples quando resgatamos a ideia de Millôr Fernandes de que a melhor ideia não foi a invenção da roda, mas usar o trabalho do outro para fazer a roda rodar e com isso agilizar a produção dos bens que facilitaram a vida dos grupos sociais dominantes. Mas o que significa explorar o trabalho do outro? Esse outro não é também um ser humano?

Também podemos argumentar contra Millôr afirmando que a escravidão, ou seja, a exploração brutal e destituída de direitos do outro, é ilegal e em processo de abolição.

Mesmo que a escravidão não seja explícita e amparada pelas leis, ainda temos a exploração do trabalho do outro, seja porque os resultados desse trabalho geralmente são desconhecidos pelo trabalhador, seja porque os resultados desse trabalho não o beneficiam diretamente.

A essa separação entre o trabalhador e o processo e o resultado de seu trabalho chamamos trabalho alienado. O trabalho alienado ainda permanece, mesmo que a escravidão não seja explícita e que não seja mais utilizada como argumento para a construção de uma sociedade próspera.

Até aqui compreendemos relativamente bem a complexidade da palavra trabalho. O que significa trabalho alienado?

Relembrando o que vimos no Capítulo 1, a palavra "alienado" tem origem no latim "*alien*" e "*alienare*", que se refere ao outro. Daí vem o termo alienígena (o outro mais outro que podemos imaginar: o outro

O Trabalho como Princípio Educativo

de um outro planeta); alienado (que é de outro ou que está dominado por outro). Usamos a palavra alienado para falar daquele que não está sob o domínio de si mesmo, está louco, está fora de si.

Da mesma forma, o trabalho alienado significa o trabalho do qual não se participa ativamente, no qual não se vê sentido ou proveito a não ser a garantia de sobrevivência. Podemos falar de trabalho alienado quando fazemos uma pequena parte das tarefas que resultarão no produto final. Lembra do operário em *Tempos modernos* apertando os parafusos? Para que ele está apertando os parafusos? À medida que vai enlouquecendo, usa a ferramenta para apertar os parafusos, apertar o nariz do colega de trabalho e os botões do casaco da senhora que encontra na rua. Ou seja, não sabe e não compreende, em momento algum, o que está fazendo. Só sabe que no final do dia terá que voltar para casa, alimentar-se, dormir e voltar para a fábrica no dia seguinte, num circuito infernal de repetição e alienação de si mesmo.

Você já se percebeu fazendo alguma coisa, alguma tarefa, sem que o seu pensamento acompanhasse os movimentos do seu corpo, fazendo automaticamente alguma coisa sem que isso pudesse lhe causar alguma satisfação? É a isso que chamamos aqui de trabalho alienado.

Iniciamos este capítulo afirmando que o homem produz cultura e que isso é próprio do trabalho humano. Já estamos percebendo que o trabalho simplesmente atrelado à sobrevivência e à reprodução social produz alienação. Se cultura é transformação, o trabalho humano, dependendo dos seus objetivos e condições, atrela o indivíduo à repetição, à banalização da sua inteligência, ao embrutecimento de suas capacidades físicas, emocionais e cognitivas. Esse é o trabalho alienado.

Amplie seus conhecimentos

A concepção de Marx acerca da emancipação humana pode ser plenamente compreendida por meio da oposição entre trabalho alienado e trabalho produtivo. O trabalho alienado pode ser definido como a atividade de produzir algo exterior a si mesmo. Sua característica fundamental consiste no fato de a produção ocorrer para satisfazer não as necessidades do indivíduo e sim as do mercado. A produção é direcionada para a necessidade de outras pessoas, e o seu produto não pertence ao trabalhador. Este recebe em troca um salário e o transforma em bens de subsistência para sua família. É no regime de assalariado que o trabalho revela a sua essência alienante: uma atividade que produz valor de troca para outro. O próprio homem é convertido em mercadoria e passa a ter valor pela sua capacidade de produzir valor. O homem de sujeito passa a ser objeto daquele para quem trabalha. Antonio Gramsci retoma as ideias de Marx através do conceito de onilateralidade concepção que diz respeito à realização/emancipação do homem através do trabalho.

Para ler mais sobre isso, acesse <http://www.senac.br/informativo/bts/221/boltec221c.htm>.

10.4 O trabalho no sentido ontológico e no sentido econômico

Quando colocamos em discussão o trabalho como produção de cultura e produção do próprio homem em oposição ao trabalho alienado, estamos querendo enfatizar o sentido ontológico do trabalho.

Mas o que é esse sentido ontológico? É aquele que se refere ao *ser* e a como esse *ser* se constitui. No caso do trabalho, seu sentido ontológico, é o sentido de como o trabalho *é* importante para a formação do ser humano, para a maneira como ele se vê no mundo e como se constitui enquanto espécie, enquanto ser que transforma e se transforma ao se relacionar com a natureza.

Existe um ditado popular muito repetido e já bem desgastado que afirma que "o trabalho dignifica o homem". Já percebemos que depende muito da finalidade do trabalho. Se como atividade produtiva queremos apenas ganhar dinheiro suficiente para consumir o que queremos, estamos vendo apenas uma parte do que seria o significado do trabalho na vida humana. Como afirma Pacheco:

> [...] o trabalho também se constitui como prática econômica, obviamente porque nós garantimos nossa existência, produzindo riquezas e satisfazendo necessidades. O problema é que na sociedade moderna a relação econômica vai se tornando o único fundamento do trabalho e da formação para o trabalho (PACHECO, 2012).

O trabalho tem sua dimensão formativa. Ele também forma o homem. Quando esse trabalho é apenas utilitário, ou seja, percebido com fins estritamente práticos como ganhar dinheiro, ter prestígio social, mesmo que a atividade não seja enriquecedora em termos de uma vida cheia de possibilidades, estamos reduzindo o trabalho à sua dimensão econômica.

Nas palavras de Pacheco, o sentido ontológico do trabalho pode ser compreendido como a forma pela qual

> o homem produz sua própria existência na relação com a natureza e com os outros homens e, assim, produz conhecimentos. Quanto ao sentido econômico historicamente determinado pelo capitalismo, o trabalho se transforma em trabalho assalariado e forma específica da produção da existência humana sob o capitalismo (PACHECO, 2012).

É evidente que o mundo produtivo precisa de trabalhadores produtivos. Mas qual é o período em que o indivíduo é produtivo nesse sentido? Na infância? Na velhice? E os que estão, de alguma forma, fora desse grupo de trabalhadores produtivos? O que fazer com eles?

Uma situação que nos faz pensar sobre o sentido ontológico e o sentido econômico do trabalho é o fato de pensarmos sobre os que estão fora do mundo produtivo. O que é estar desempregado? Você pode afirmar: Ora, é quem está sem emprego. E quem está sem emprego mas não está procurando uma colocação no mercado de trabalho, é desempregado?

Iniciada em 2014, a pesquisa ampliada do IBGE sobre o mercado de trabalho no Brasil mostrou como o índice do desemprego está caindo no país, mesmo a economia tendo um fraco desempenho. Apenas 4% das pessoas que procuravam emprego não estavam conseguindo. Os dados mostraram que cresceu o número de brasileiros empregados, que no final de 2013 eram 92 milhões, ou 57% das pessoas em idade de trabalhar. Mas a pesquisa também revelou que cresce o número dos que não trabalham nem procuram emprego, e, como não procuram, não são considerados desempregados. Esse contingente chegou a 62 milhões de brasileiros, ou 39% das pessoas em idade de trabalhar (IBGE, 2014).

Dentre desse universo dos sem trabalho que não são propriamente desempregados, quais são as atividades realizadas? Qual é a composição desse grupo? Quantos são os que optaram por estudar mais? Quantos são os que recebem amparo assistencial? E se consideramos também a possibilidade daqueles que simplesmente desistiram de pleitear vagas no mercado de trabalho?

Responder essas questões é entender não só como está funcionado o mercado de trabalho, mas o que os indivíduos estão compreendendo que seja o trabalho. Você, por exemplo, ao estudar, está trabalhando? Se estudar é também uma forma de trabalho, nem sempre remunerado, significa que investir na própria formação, ter tempo livre para estudar é um tipo de trabalho não necessariamente associado ao trabalho na sua dimensão simplesmente econômica.

E quanto aos que recebem algum tipo de assistência, como Bolsa Família ou outros tipos de assistência social? É comum que se fale que é necessário "ensinar a pescar" e "não dar o peixe". As políticas assistenciais, na visão de algumas pessoas, acomodam o indivíduo, que se contenta em apenas sobreviver, mesmo que não tenha que trabalhar. Quando consideramos isso, estamos enfatizando apenas a dimensão econômica do trabalho. Se entendemos que o sentido do trabalho não é apenas sobreviver, mas ser alguém na sociedade, não depender simplesmente do outro, buscar uma realização pessoal para além dos recursos materiais, estamos considerando a dimensão ontológica, formativa do trabalho.

Voltamos àquela questão inicial: o que é mesmo um desempregado? Se o indivíduo está sem trabalho, mas não procura emprego, desistiu de fazer parte desse mundo produtivo e não se sente desempregado, ele é um desempregado? Estar desempregado é uma condição social que o indivíduo aceita para si desde que compare essa situação com a atividade no mercado de trabalho, o que não quer dizer que não existam outras formas de sobrevivência e de trabalho.

Voltando à fábula da cigarra e da formiga, trabalhar não é só produzir coisas, mas ideias e atividades que nem sempre estão associadas a um conceito produtivo e tradicional de trabalho. Nesse sentido, a formiga trabalha e a cigarra também. Como diz Raul Seixas, "a formiga só trabalha porque não sabe cantar".

10.5 A formação para o trabalho e o trabalho como princípio educativo

"*Arbeitmacht frei*" era a frase escrita na entrada do campo de concentração de Auschwitz durante a Segunda Guerra Mundial. Em português significa: o trabalho liberta.

A frase "*Arbeitmacht frei*" tornou-se um símbolo dos esforços nazistas para dar às vítimas uma falsa sensação de segurança antes de matá-las em câmaras de gás ou por causa do frio, da fome, de doenças ou experiências. Cerca de 1,5 milhão de pessoas, a maioria judia, morreu nesse campo de extermínio nazista no sul da Polônia durante a Segunda Guerra Mundial. Os prisioneiros que chegavam ao campo passavam sob um portão encimado pela frase em alemão. Embora num contexto que mostra a crueldade de seus formuladores, essa frase nos faz pensar no verdadeiro sentido do trabalho nas nossas vidas. Passamos boa parte de nossa existência trabalhando ou nos preparando para o mundo produtivo. Às vezes, fazendo as duas coisas simultaneamente. Quase sempre o trabalho está dissociado do lazer e do tempo livre. É justamente o contrário do que o emblema nazista quer fazer acreditar. É justamente o contrário que garante aos seus prisioneiros.

Esperamos que até este momento do nosso capítulo você tenha sido capaz de compreender que a formulação "o trabalho liberta" carece de fundamentação histórica. É o que tentamos abordar quando discutimos sobre o trabalho alienado. Afinal, se o trabalho liberta, a quem liberta?

Vivemos numa sociedade do trabalho, em que fomos aprendendo, ao longo do tempo, a valorizar a ocupação produtiva. Mas nem sempre foi assim.

Ao voltarmos às sociedades antigas e escravocratas, percebemos que trabalho e dignidade não faziam parte da mesma equação. Os trabalhos eram destinados aos escravos. O tempo livre e o ócio eram privilégio da classe senhorial. Isso vemos entre os gregos, os egípcios, os romanos, na sociedade medieval e na sociedade patriarcal do Brasil Colônia.

André João Antonil, um jesuíta que viveu no Brasil do século XVIII, afirmou que os escravos são as mãos e os pés do senhor de engenho (ANTONIL, 1982). Se a exploração do trabalho alheio significa utilizar o outro como instrumento e isso resulta para esse outro em trabalho alienado, o que ocorrerá então com o senhor, o dono do escravo, o que apenas contempla o trabalho do outro, usufrui dele, retira dele as riquezas de que necessita? Não haverá alienação também quanto ao senhor que se utiliza do trabalho alienado?

Essa é uma questão muito interessante, que nos faz refletir se usar o trabalho do outro não implica também uma espécie de alienação, na perspectiva de que, ao desvalorizar o trabalho enquanto esforço físico, estou me distanciando também do caráter formativo do trabalho. Antes que se pudesse formular e colocar como ideal coletivo a necessidade moral do trabalho, trabalhar era estar submetido a um castigo.

Amplie seus conhecimentos

As relações de produção capitalista exigiram uma justificativa e uma legitimação do trabalho e de um melhor aproveitamento do tempo. A Idade Média, que foi definida como o tempo das catedrais, substituiu a antiga cultura em que o tempo era controlado simplesmente pela relação do homem com a natureza. Se no mundo medieval a catedral era a instituição que tinha o relógio a partir do qual todos organizavam o seu tempo, com o desenvolvimento das forças produtivas no capitalismo o tempo passou a ser controlado pelo relógio do patrão nas fábricas. Assim, o tempo se torna dinheiro e deve ser cada vez mais controlado, auxiliando na avaliação do parcelamento das tarefas e no aproveitamento da jornada de trabalho. Produtividade passou a ser a palavra de ordem, e a hora vazia passou a ser "oficina do diabo". No Brasil, a tradição escravocrata das elites do país e a desvalorização da mão de obra eram obstáculos para a formação de uma classe operária que aferisse ao trabalho um valor positivo. Esse esforço de tornar o trabalho cultural e moralmente aceito é o que se convencionou chamar de ideologia do trabalho. No Brasil, a valorização do trabalho e do trabalhador, especialmente a partir dos anos 1930, foi marcada por métodos coercitivos e paternalistas e por medidas protetoras e beneficentes em nome da harmonia e da paz social.

Aprenda mais sobre isso lendo *A invenção do trabalhismo*, da pesquisadora Ângela Castro Gomes.

Estamos acostumados a pensar na formação para o trabalho, ou seja, na preparação para que possamos exercer uma profissão no mercado de trabalho. É comum esquecermos que o trabalho também tem um caráter formativo importante. Esse caráter é subtraído do sentido ontológico do trabalho, e acreditamos que se formar para o trabalho é aprender algumas técnicas e colocá-las em prática. Com isso, deixamos de lado a potencialidade do trabalho como produtor de cultura e processo de transformação social. Quando reduzimos o trabalho e a formação para o trabalho ao sentido econômico, pressupomos uma aceitação pura e simples do mercado como instrumento regulador da sociedade, em vez de afirmar a centralidade das pessoas em suas relações com a natureza e na produção da cultura e da vida social.

A formação para o trabalho apenas como uma tarefa de adequação do indivíduo às técnicas vigentes de controle do tempo e da produção, para um posterior descarte quando cessar seu período de produtividade, não difere muito do lema nazista *"Arbeitmacht frei"*. Para Ciavatta (2007), "A educação para o trabalho foi o aspecto complementar desse processo de desapropriação do trabalhador do produto de seu trabalho, do conhecimento que se gera nos processos de trabalho e do reconhecimento de si mesmo" (p. 76).

Os mais recentes estudos sobre a formação para o trabalho numa perspectiva de emancipação dos indivíduos e das coletividades apresentam a ideia do trabalho como princípio educativo. Ou seja, se o trabalho forma, formar para o trabalho é preparar para a transformação do que é dado, seja em termos de condições e ferramentas de trabalho, seja no sentido de uma sociedade mais justa e livre para todos.

O trabalho como princípio educativo é uma concepção das relações entre trabalho e educação e formação para o trabalho que implica reconhecer o indivíduo como produtor de sua realidade e necessitando apropriar-se dela e transformá-la (PACHECO, 2012). Equivale, ainda afirma Pacheco, que somos sujeitos de nossa história e de nossa realidade.

O trabalho como princípio educativo é uma forma de se pensar o trabalho e a formação para o trabalho como algo que deve proporcionar a compreensão do processo histórico de produção científica e tecnológica, dos conhecimentos desenvolvidos e apropriados socialmente para a transformação das condições de vida e a ampliação das capacidades e das potencialidades humanas. Ou seja, trata-se de ampliar a visão economicista do trabalho e trazê-lo para a necessidade de transformação da realidade vivida e não só para o aperfeiçoamento das técnicas de produção.

A formação profissional não pode tomar por base apenas a adequação de comportamentos necessários estritamente para a produção, mas deve ver o sujeito como participante das diversas dimensões sociais relacionadas à ciência, à tecnologia, à cultura e também, obviamente, ao trabalho.

Precisamos ampliar as perspectivas de uma formação para o trabalho como simplesmente preparação para o emprego. É necessário preparar o indivíduo para a compreensão do mundo em que vive e para que possa garantir sua inserção crítica e transformadora na sociedade.

Para Frigotto, Ciavatta e Ramos:

> Trata-se de superar a redução da preparação para o trabalho ao seu aspecto operacional, simplificado, escoimado dos conhecimentos que estão na sua gênese científico-tecnológica e na sua apropriação histórico-social. Como formação humana, o que se busca é garantir ao adolescente, ao jovem e ao adulto trabalhador o direito a uma formação completa para a leitura do mundo e para a atuação como cidadão pertencente a um país, integrado dignamente a sua sociedade política. Formação que, neste sentido, supõe a compreensão das relações sociais subjacentes a todos os fenômenos (FRIGOTTO, CIAVATTA, RAMOS, 2005, p. 85).

O que se observa é que a visão restrita de trabalho e de formação para o trabalho muitas vezes impede que o indivíduo tenha uma perspectiva mais ampla do contexto em que atua e das próprias condições naturais e sociais a partir das quais sua profissão existe. Um estudo interessante nesse sentido é o trabalho de Vasconcelos (2007), tentando mostrar para os profissionais da engenharia civil como é importante observar e aprender com as estruturas da natureza:

> O engenheiro contempla uma paisagem cheia de rochas curiosas, árvores imensas, animais de uma variedade quase infinita, e nada percebe. Não percebe porque não se detém: não tem tempo para isso e não nota qualquer relação entre o que vê e o que lhe meteram na cabeça durante o curso universitário. O mesmo acontece com o biólogo ou com qualquer outro profissional. Nós só vemos o que conhecemos. Tudo o que homem pensa ter inventado já foi inventado antes pela natureza (VASCONCELOS, 2000, p. 7).

Vasconcelos (2000), em seu estudo, mostra a habilidade dos animais em construir seus abrigos. Entre inúmeros exemplos, aborda inicialmente a construção dos ninhos dos pássaros, mostrando como a função dessas estruturas sempre se relaciona com a região habitada, a estação do ano, a presença de alimento, disponibilidade de matéria-prima e necessidade de defesa contra predadores.

Vejamos que essa é uma perspectiva diferente daquela que vê o homem como soberano sobre a natureza. As relações que estabelecemos com a natureza até o momento, como já foi dito, foram responsáveis por progresso, desenvolvimento desordenado e destruição não só de plantas e animais como também de seres humanos.

Na medida em que o trabalho e as relações de trabalho mudam por conta do grande avanço tecnológico e do surgimento da sociedade do emprego sem emprego, e na medida em que nos conscientizamos da necessidade urgente de parar com a relação predatória que temos com a natureza, as concepções de trabalho e de formação para o trabalho também tendem a mudar. Exemplos claros disso são a introdução do estudo da informática e da microeletrônica e a necessidade de compreender os modelos pós-fordistas de produção e suas consequências no mundo do trabalho hoje, que se caracteriza pela desregulamentação, terceirização e precarização das relações de trabalho.

Formar o cidadão produtivo para a produção capitalista é inegavelmente necessário, mas também não podemos perder de vista a necessidade da emancipação dos muitos grilhões da existência. Como afirma Ciavatta (2007), é urgente a necessidade de conhecer os fundamentos científico-tecnológicos e histórico-sociais da relação entre capital e trabalho e atuar em defesa de uma vida digna.

Vamos recapitular?

Ao longo do capítulo, o conceito de trabalho foi confrontado com o que entendemos por cultura, liberdade, progresso, condição humana e formação profissional. Neste capítulo você aprendeu que é importante pensar constantemente sobre o trabalho na sociedade em que vivemos, porque a sociedade se modifica também em função das formas e instrumentos de trabalho existentes. Você pôde compreender que os instrumentos de trabalho são produzidos pelo homem e que a nossa formação como indivíduo está quase sempre ligada ao conhecimento e à utilização desses instrumentos de trabalho. Viu que considerar que o trabalho faz a mediação social entre a sociedade e a natureza significa compreender que, além da dimensão econômica, o trabalho tem uma dimensão ontológica, ou seja, está ligado à existência do ser humano e da sua constituição enquanto espécie.

Ao ampliarmos a nossa visão sobre o trabalho, também ampliamos nossa concepção do que seja a formação para o trabalho. Como você pôde acompanhar neste capítulo, a profissionalização não pode ser limitadora do indivíduo e o trabalho não pode ser visto apenas como produção de bens que satisfaçam nossas necessidades materiais e imediatas de sobrevivência. Ao finalizar o capítulo, consideramos importante que você analise que vivemos numa sociedade que valoriza o trabalho, mas que não há trabalho para todos e que a valorização do trabalho como a compreendemos hoje é relativamente recente, se considerarmos o nascimento das sociedades em que os sujeitos passam a ter direitos.

O capítulo, como você pôde perceber, discute o tempo inteiro as relações que o homem estabelece com a natureza. Essas relações mudam ao longo do tempo, e com isso muda também a concepção de trabalho.

Neste capítulo você pôde acompanhar também a formulação do que seria o trabalho como princípio educativo, que foi resumido da seguinte maneira: O trabalho como princípio educativo é uma forma de se pensar o trabalho e a formação para o trabalho como algo que deve proporcionar a compreensão do processo histórico de produção científica e tecnológica, dos conhecimentos desenvolvidos e apropriados socialmente para a transformação das condições de vida e ampliação das capacidades e das potencialidades humanas.

O Trabalho como Princípio Educativo

Agora é com você!

1) Neste capítulo lançamos uma série de questões, a maioria delas respondida ao longo do texto. Você consegue identificar algumas respostas na argumentação do capítulo? Observe as seguintes questões e anote as possíveis respostas para elas, a partir do texto:

   a) O espaço em que atuamos tem que tipo de interferência na nossa constituição biológica e social?

   b) Os animais trabalham?

   c) O que é trabalho alienado?

   d) Oque é significado ontológico do trabalho, e em que medida ele se diferencia do sentido estritamente econômico?

2) Que informações históricas o texto apresenta que justifiquem a seguinte formulação: "Vivemos numa sociedade do trabalho, em que fomos aprendendo, ao longo do tempo, a valorizar a ocupação produtiva. Mas nem sempre foi assim"?

3) O texto do capítulo apresenta alguns comentários sobre a formação profissional, propondo o conceito do trabalho como princípio educativo. A partir desse conceito, como é possível pensar as relações entre educação e trabalho?

4) Quais são os limites da formação para o trabalho apresentados no texto?

5) Resgate no Capítulo 2 o conceito marxista de alienação e de trabalho alienado.

Educação e a Crise do Emprego

Para começar

Quando se fala em emprego e empregabilidade se pensa diretamente na lógica de mercado. Reduz-se o mundo do trabalho ao mercado de trabalho. Mas o que é o mercado de trabalho? Neste capítulo procura-se demonstrar como são necessárias as políticas públicas para o emprego a fim de que esse mercado de trabalho não diga respeito apenas às necessidades de alguns grupos, mas atenda também aos interesses mais amplos da população. São apresentadas pesquisas governamentais recentes, mostrando um quadro geral sobre os indicadores de desigualdade social, questões de gênero e etnia relacionados ao mercado de trabalho formal e informal e os índices de escolarização. Nesse universo, procura-se destacar a situação do trabalho juvenil e o significado das iniciativas de educação profissional técnica e tecnológica para uma melhor inserção do jovem na sociedade.

11.1 Da experiência do trabalho à motivação para o emprego

Numa bela passagem, entre tantas outras que escreveu, o filósofo alemão Walter Benjamin faz o seguinte relato:

> Em nossos livros de leitura havia a parábola de um velho que no momento da morte revela a seus filhos a existência de um tesouro enterrado em seus vinhedos. Os filhos cavam, mas não descobrem qualquer vestígio do tesouro. Com a chegada do outono, as vinhas produzem mais que qualquer outra na região. Só então compreenderam que o pai lhes havia transmitido uma certa experiência: a felicidade não está no ouro, mas

no trabalho. Tais experiências nos foram transmitidas, de modo benevolente ou ameaçador, à medida que crescíamos: "Ele é muito jovem, em breve poderá compreender." Ou: "Um dia ainda compreenderá." Sabia-se exatamente o significado da experiência: ela sempre fora comunicada aos jovens. De forma concisa, com a autoridade da velhice, em provérbios; de forma prolixa, com a sua loquacidade, em histórias; muitas vezes como narrativas de países longínquos, diante da lareira, contadas a pais e netos. Que foi feito de tudo isso? Quem encontra ainda pessoas que saibam contar histórias como elas devem ser contadas? Que moribundos dizem hoje palavras tão duráveis que possam ser transmitidas como um anel, de geração em geração? Quem é ajudado, hoje, por um provérbio oportuno? Quem tentará, sequer, lidar com a juventude invocando sua experiência? (BENJAMIN, 1994, p. 115).

O que se fez da experiência? Por que ela empobreceu em uma época em que nunca houve tantas experiências tão fortes e terríveis como entre 1914 e 1918, período da Primeira Guerra Mundial? É uma pergunta que se faz e nos faz o filósofo.

Na parábola do velho, a experiência do trabalho estava diretamente ligada à experiência da vida, das relações com a natureza, com as vinhas. O ouro encontrado era o aprendizado de que havia uma consonância maior entre trabalho e vida, com a própria terra. Vem a guerra, uma das mais sangrentas, e as forças para o trabalho são voltadas para a morte. Ao invés de fazer brotar do solo uma produção, ver nascer a vida do solo, deitavam-se vidas ao solo. Uma experiência que cala, que inibe a fala e os contos, mesmo de batalhas heroicas em trincheiras. Uma miséria que se junta ao desenvolvimento industrial a todo vapor no pós-guerra em muitos países, um remédio que não cura, apenas deixa as cicatrizes menos aparentes, enquanto outros países lidam com o desemprego e uma situação social insuportável.

Mesmo assim, as palavras militares continuaram a invadir os vários setores da sociedade, como o mundo do trabalho e da indústria nos anos seguintes. Todo um vocabulário metafórico torna-se corriqueiro: "a luta do dia a dia", "as guerras comerciais", "guerra de talentos", "batalha pelo emprego", "seleção de pessoal", "recrutamento e seleção".

Sabe-se que na Primeira Guerra Mundial psicólogos trabalharam na motivação de soldados, tanto em casos de deficiências físicas quanto para disciplina. Muitos testes de seleção foram inventados nessa época para destinar a colocação dos soldados pelo exército alemão. Esses testes foram adotados pelo exército inglês, depois pelo norte-americano, e chegaram às empresas. São os conhecidos processos de recrutamento e seleção de pessoal, que atualmente incluem técnicas de dinâmicas de grupo, verdadeiros campos de batalha para o almejado emprego. Portanto, a guerra participa bem de perto do início da psicologia organizacional.

E o jovem que precisava compreender um dia as relações entre o trabalho e a vida acaba tendo que lidar desde muito cedo com a herança da experiência empobrecida pela guerra, em processos seletivos cada vez mais competitivos em termos de qualificação.

É preciso não só falar inglês, língua padrão para os negócios, mas se possível algum outro idioma. Além de ser um ótimo técnico na área escolhida, precisa ser empreendedor, criativo e líder.

O economista Paul Krugman, prêmio Nobel de Economia de 2008, escreveu um artigo no renomado jornal *The New York Times,* com o provocativo título: "Qualificação profissional e educação não garantem o futuro." Numa foto da matéria aparecem milhares de jovens chineses visitando uma feira de emprego na cidade de Shenyang.

Paul Krugman reconhece que a educação e a qualificação são importantes no sistema econômico e que, no futuro, os níveis de exigência na qualificação serão aumentados. É porque sempre se pensa nos empregos de base tecnológica avançada como os melhores e alvos mais certeiros para o sucesso. O economista diz que, ao contrário do que se costuma pensar, muitos empregos da "faixa intermediária", ou seja, aqueles da classe média, têm sofrido baixas consideráveis, pelo menos nos Estados Unidos.

Ele cita um outro artigo do mesmo jornal sobre o uso de *softwares* na área de direito, que diz que o computador tem a capacidade de analisar milhões de documentos procurando informações que um batalhão de advogados demoraria muito tempo para conseguir organizar. E o direito não é um exemplo isolado:

> Conforme o artigo observa, os programas de computadores estão também substituindo engenheiros em certas atividades, como o *design* de *chips*. Falando de forma mais abrangente, a ideia de que a tecnologia moderna elimina apenas os empregos para trabalhadores não qualificados, e de que os profissionais de alta qualificação são os nítidos vencedores, pode prevalecer nas discussões populares, mas a verdade é que tal ideia está na verdade superada há décadas (KRUGMAN, 2011, s.p.).

Muitos empregos manuais e pensados como de menor expressão social não encontram pessoas habilitadas. Associou-se a noção de qualificação diretamente ao progresso tecnológico e ao ensino formal. Como se um pedreiro ou um motorista não fossem pessoas qualificadas. Esse é um paradoxo ou uma provocação dos tempos atuais que se coloca e que precisa ser pensado de alguma forma.

Por outro lado, a distribuição de diplomas parece não ser suficiente, e os indivíduos se veem pressionados para obtê-lo para conseguir um trabalho formal e sucesso profissional. No entanto, a própria noção de emprego mudou, incluindo novos discursos administrativos e do mercado financeiro, que tornam o próprio empregado responsável por sua carreira. Como um investidor da bolsa de valores, ele precisa investir em si mesmo e correr os riscos correspondentes.

Deleuze propõe a seguinte reflexão no final de seu texto, que vimos no Capítulo 9:

> Muitos jovens pedem estranhamente para serem "motivados", e solicitam novos estágios e formação permanente; cabe a eles descobrir a que estão sendo levados a servir, assim como seus antecessores descobriram, não sem dor, a finalidade das disciplinas (DELEUZE, 1992, p. 226).

11.2 Trabalho formal e informal: desigualdade social, questões de gênero e etnia

Quando se fala em emprego e empregabilidade, se pensa diretamente na lógica de mercado. Reduz-se o mundo do trabalho ao mercado de trabalho. Mas o que é o mercado de trabalho? Ou, pelo menos, como ele se configura?

Antes, vale lembrar que são necessárias as políticas públicas para o emprego, para que esse mercado de trabalho não diga respeito às necessidades de apenas alguns grupos, mas atenda também aos interesses mais amplos da população.

No Brasil foram identificados em 2014 cerca de 17,4 milhões de trabalhadores informais que não têm acesso a benefícios previdenciários, seguro contra acidentes de trabalho, aposentadoria, entre outros direitos decorrentes do contrato de trabalho formal (IBGE, 2014). Esses trabalhadores estão fora do mercado de trabalho?

Educação e a Crise do Emprego

Na verdade, a informalidade faz parte do mercado de trabalho e mostra os limites da sua autorregulação. Se a lógica do mercado é o consumo que produz lucro, a informalidade pode ser a saída para algo que se reduza simplesmente a isso. A formalização dos trabalhadores é uma aliada importante para que se diminuam a concorrência desleal e a sonegação de impostos.

Diminuir a informalidade no mercado de trabalho é uma das ações do que atualmente se designa como "trabalho decente". No Brasil, a promoção do trabalho decente passou a ser um compromisso assumido entre o Governo brasileiro e a Organização Internacional do Trabalho a partir de junho de 2003. O Plano Nacional de Emprego e Trabalho Decente foi construído por meio do diálogo e da cooperação entre diferentes órgãos do governo federal e segmentos da sociedade civil. Ele representa uma referência fundamental para a continuidade do debate sobre os desafios de fazer avançar as políticas públicas de emprego e proteção social. Seu objetivo é o fortalecimento da capacidade do Estado brasileiro para avançar no enfrentamento dos principais problemas estruturais da sociedade e do mercado de trabalho, dentre os quais se destacam:

» a extensão da cobertura da proteção social;

» a parcela de trabalhadoras e trabalhadores sujeitos a baixos níveis de rendimentos e produtividade;

» a pobreza e a desigualdade social;

» as condições de segurança e saúde nos locais de trabalho, sobretudo na zona rural;

» as desigualdades de gênero e raça/etnia;

» o desemprego e a informalidade;

» os elevados índices de rotatividade no emprego.

Entre as prioridades dessa agenda está a de gerar mais e melhores e empregos, com igualdade de oportunidades de tratamento, além de erradicar o trabalho escravo e eliminar o trabalho infantil (MTE, 2014).

Se esses aspectos são fundamentais no que se considera trabalho decente numa sociedade como a nossa, isso indica que ainda temos muito a caminhar e que esses aspectos ainda persistem defasados em relação a outros países.

Assim, iremos verificar que o Brasil, em termos de desigualdade social e indicadores de pobreza, tem melhorado, apesar de estar longe dos índices de países da União Europeia. O Brasil alcançou em 2011 sua menor desigualdade de renda em 30 anos, segundo dados da Síntese dos Indicadores Sociais (SIS), estudo feito com base na Pesquisa Nacional por Amostra de Domicílios (Pnad) e divulgado em 2012 pelo Instituto Brasileiro de Geografia e Estatística (IBGE). Nesse estudo se destaca a melhoria de renda das camadas mais pobres da população brasileira. Em 2012, o IBGE também revelou que os 10% mais pobres tinham 1,1% da renda total, enquanto os 10% mais riscos concentravam quase 41,9% da renda total.

A criação de novos empregos tem proporcionado alguma redução da desigualdade social. Em 2009 o Brasil gerou quase um milhão de novos postos de trabalho. O desafio é fazer com que o crescimento econômico projetado a médio e longo prazos seja efetivamente acompanhado da geração de mais e melhores empregos. As políticas compensatórias de distribuição de renda, a exemplo do Programa Bolsa Família e da política de valorização do salário-mínimo nacional, permitiram o fortalecimento e a expansão do mercado interno de consumo, e também foram consideradas importantes nesse processo em que se procura atender e recuperar a dívida social com uma população em situação de vulnerabilidade econômica (OIT BRASIL, 2014).

O setor que tem mais empregados no Brasil é o de serviços. No período correspondente a 2005 e 2009, as atividades desse setor corresponderam a mais de 50% dos postos de trabalho na maioria dos estados brasileiros (IBGE, 2014).

Na síntese de indicadores sociais brasileiros, divulgados também pelo IBGE em 2013, foi identificado que em 2012 9 milhões e 600 mil jovens brasileiros não estudavam nem trabalhavam. Isso permite diagnosticar que um em cada cinco jovens estão nessa situação a maioria mulheres. Essa é uma realidade já observada nas pesquisas relativas a 2005-2009. Os dados revelaram que 74,1% das mulheres de 25 a 29 anos que não estudam nem trabalham têm ao menos um filho (IBGE, 2014).

Tradicionalmente no Brasil, que ainda sofre com os resquícios de uma sociedade patriarcal, as mulheres participam menos do mercado de trabalho que os homens em função de barreiras culturais que persistem. Na verdade, o trabalho feminino é em grande parte invisível para a sociedade. Esse indicador se aprofunda se considerarmos as mulheres negras, que entre 2005 e 2009 tinham participação 3,5% menor no mercado de trabalho formal que as mulheres brancas (IBGE, 2014).

Esse número é bastante elevado, mas pode ser parcialmente entendido quando verificamos que o Brasil é o país com mais trabalhadores domésticos do mundo. De fato, o Brasil lidera a lista de países com o maior número de trabalhadores domésticos, como empregadas, babás e caseiros, na frente de Índia, Indonésia, Filipinas e México. Segundo o relatório da Organização Internacional do Trabalho (OIT) divulgado em 2013, essas nações têm 17,5 milhões de pessoas que prestam serviços domésticos, sendo o Brasil responsável por 41% desse total, com 7,2 milhões de trabalhadores. A pesquisa aponta o desemprego e a baixa qualificação de mulheres nos países emergentes como um dos principais motivos para o aumento global desse setor. Certamente, esse indicador eleva os índices do trabalho informal, já que muito recentemente a legalização do trabalhador doméstico tem sido uma preocupação no mercado de trabalho.

A participação feminina no mercado de trabalho pode ser vista pelo avesso da situação: a dos desempregados. A maior taxa de desemprego entre as mulheres se deve ao limitado acesso a cargos específicos em função de estereótipos do que uma mulher deve ou não fazer e das dificuldades em conciliar família e trabalho (OIT, 2014).

Segundo pesquisa do IBGE (2014), de 2002 a 2012 a proporção de pessoas de 25 a 34 anos que ainda moram com os pais aumentou de 20% para 24%, e os homens são a maioria. O estudo do IBGE (2014) revelou também as diferenças na jornada de trabalho entre homens e mulheres. A dos homens é mais longa: 42 horas semanais, contra 36 das mulheres. Dentro de casa, porém, elas dedicam o dobro do tempo às tarefas domésticas. A pesquisa mostra também um aumento da frequência escolar e, por outro lado, a diferença no acesso por renda familiar. Entre as famílias mais pobres, foi bem menor o número de crianças entre 4 e 5 anos na escola: 71,2%. Entre os mais ricos, esse índice sobe para 92,5%.

11.3 Estudos sobre juventude e trabalho

Apesar da melhoria dos indicadores, em 2010 apenas a metade dos adolescentes entre 15 e 17 anos estava no ensino médio conforme é a expectativa para essa idade. A baixa taxa de escolarização do adolescente brasileiro se deve ao atraso escolar dos egressos do ensino fundamental. Para a faixa etária dos 14 anos, a expectativa é que se tenha 8 anos de escolaridade. A média brasileira em 2009 era de 5,8 anos. Ou seja, muitos adolescentes nem chegam a concluir o ensino fundamental. Esse baixo nível de escolaridade do adolescente tem impacto decisivo nas oportunidades de trabalho futuras, determinando o alto índice de trabalho informal. O segundo grau completo, ou seja, 12 anos de escolaridade, tem sido um importante critério adotado pelo mercado de trabalho no Brasil para o acesso a empregos formais (IBGE, 2014).

A Organização Internacional do Trabalho divulgou em 2010 os resultados de um estudo que revelam que são alarmantes os índices de desemprego entre os jovens, tendo nesse ano um contingente de 81 milhões de jovens fora do mercado de trabalho, sendo os jovens negros os que sofrem mais com essa exclusão. O crescimento econômico não resolve necessariamente o problema do desemprego entre os jovens, atingindo especialmente os de baixa renda, as mulheres e os negros de ambos os sexos, sobretudo nas cidades.

Em 2009, graças a acordos internacionais, foi criada a Agenda Nacional para o Trabalho Docente para a Juventude. As prioridades assumidas por seus elaboradores, entre eles as centrais sindicais e representantes patronais, focaram o jovem entre 15 e 29 anos, elencando as seguintes ações a serem promovidas e disseminadas até 2015:

a) Ampliação do diálogo social: participação do jovem na cidade e no campo em defesa dos direitos do trabalho, da organização sindical e organizações coletivas.

b) Conciliação de estudos, trabalho e vida familiar: melhores oportunidades de conciliação entre os espaços e os tempos dedicados ao trabalho, ao estudo e à vida familiar, para que as atividades laborais não prejudiquem a escolarização e a vida social do jovem.

c) Inserção ativa e digna no mercado de trabalho: mais e melhores oportunidades de trabalho, ampliação de oportunidades de trabalho assalariado, promoção da saúde do trabalhador, acesso aterra, trabalho e renda no campo; geração de trabalho e renda através da economia solidária, do empreendedorismo e do associativismo rural.

d) Mais e melhor educação: elevação de acesso à educação de todos os níveis, com igualdade de oportunidades para gênero e raça, elevação da escolaridade, melhor ensino técnico e tecnológico, ampliação de acesso ao ensino superior, mais e melhor acesso ao patrimônio cultural brasileiro, melhoria da educação no campo.

11.4 Indicadores sociais brasileiros e o papel estratégico da educação profissional

Em 1951, Anísio Teixeira, no seu discurso de posse no Inep, já mencionava alguns aspectos desse processo. Nesse discurso, Anísio Teixeira aborda de maneira informal alguns itens da história da educação brasileira e como os trabalhadores ficaram de fora dos programas educacionais:

> O ensino brasileiro [...] era um ensino quase que só para a camada mais abastada da sociedade, sempre tendeu a ser ornamental e livresco. Não era um ensino para o trabalho, mas um ensino para o lazer.
>
> [...] a sociedade achava-se dividida entre os que trabalhavam e não precisavam educar-se e os que, se trabalhavam, era nos leves e finos trabalhos sociais e públicos, para o que apenas requeria aquela educação.

De qualquer modo, a nossa resistência aos métodos ativos e de trabalho sempre foi visível na escola primária, que, ou se fazia escola apenas de ler, escrever e contar, ou descambava para um ensino de letras, com os seus miúdos sucessos de crianças letradas.

No ensino chamado profissional, entretanto, é que mais se revelava a nossa incapacidade para o ensino prático, real e efetivo.

Anísio Teixeira e a educação brasileira viviam uma época de entusiasmo e da filosofia desenvolvimentista que inspirou os anos 1950 e 1960. Mas, já ao final deste livro, sabemos que a situação que ele aborda não pode ser colocada como coisa do passado.

Fique de olho!

No Capítulo 4 abordamos a importância da criação da Capes e do Inep no contexto do Estado desenvolvimentista brasileiro. Sugerimos a você que, para conhecer melhor essa questão, acesso o livro publicado pelo Instituto Nacional de Pesquisas Econômicas (Inpe), que trata especificamente desse assunto (SCHNEIDER, 2014). Considera por exemplo que a base institucional e governamental para o desenvolvimento das políticas estratégicas do país surgiu, em grande parte, por iniciativa desse modelo de governar e, com o tempo, apenas se ampliou e diversificou. No texto, aborda-se, por exemplo, a estruturação dessa base institucional e governamental da qual o Inep e a Capes também fazem parte (SCHNEIDER, 2014):

> [...] o Estado desenvolvimentista brasileiro começou acidentalmente como resposta à crise econômica. Na esteira da Grande Depressão, os governos de Getúlio Vargas (1930-1945 e 1951-1954) começaram a criar as instituições e políticas que mais tarde seriam os principais instrumentos de desenvolvimento liderado pelo Estado: a proteção tarifária e o comércio administrado (anos 1930); as empresas estatais de aço (anos 1940 e 1950); um banco de desenvolvimento, o Banco Nacional de Desenvolvimento Econômico (BNDE) (anos 1950); uma empresa estatal de petróleo (Petrobras, ano 1953); e as políticas setoriais para a implantação de uma indústria automobilística (anos 1950) [...]. Além disso, Vargas criou uma nova agência de pessoal, o Departamento Administrativo do Serviço Público (Dasp), projetado para profissionalizar e despolitizar a burocracia das principais instituições desenvolvimentistas (p. 9).

No período em que Anísio Teixeira assume a liderança no Inep, apenas se esboçavam os primeiros estudos sobre o sistema educacional brasileiro. Como vimos no Capítulo 4, ainda eram muito incipientes as pesquisas que buscavam compreender e avaliar as relações entre educação, sociedade e trabalho. Retomando o discurso de Anísio Teixeira, percebemos que ainda temos a oposição entre um ensino mais teórico e acadêmico e uma formação prática. Pelo sistema de educacional que temos, podemos compreender que muitos trabalhadores ainda estão longe de alcançar níveis satisfatórios de trabalho decente e formal por conta dos baixos índices de escolarização. O fracasso do ensino profissional apontado por Anísio Teixeira não esteve atrelado apenas à dificuldade de superação de uma formação livresca, mas da tentativa sempre presente de afastar da formação para o trabalho a sua dimensão política e transformadora.

Na história da educação profissional do Brasil, as primeiras escolas profissionais tinham, sobretudo, um caráter assistencialista, voltado para os desvalidos da sorte. Ainda há pesquisadores que acreditam que essa vertente ainda é a dominante na educação profissional do século XXI. No entanto, olhando mais atentamente para os esforços de formação sistemática da classe trabalhadora, ainda no final do século XIX, além de ser uma exigência dos próprios trabalhadores, baseou-se, com o advento das ferrovias, numa tentativa de formar trabalhadores com base científica. Esse tipo de formação exigia que os aprendizes tivessem, ao menos, o domínio das operações matemáticas elementares e soubessem escrever. Mas não só isso: exigia-se que fossem, sobretudo, disciplinados. Disciplinada ou não, a maioria dos jovens brasileiros ficou fora desse processo.

A educação profissional no Brasil está atualmente organizada em três grandes segmentos: qualificação profissional, curso técnico de nível médio e curso de graduação tecnológica. Em levantamento do IBGE (2014) no período correspondente a 2005 a 2009, apenas 3,9% dos brasileiros frequentavam algum curso de educação profissional. Entre eles, 80,9% estavam no segmento de qualificação profissional que não objetiva melhorar a escolarização, 17,6% estavam em cursos integrados ao nível médio, e apenas 1,5% cursavam a graduação tecnológica.

Na perspectiva de aumentar o número e a qualidade da inserção na educação profissional, o governo brasileiro criou em 2011 o Programa Nacional de Acesso ao Ensino Técnico e Emprego (Pronatec).

Essa e outras ações governamentais visam a dirimir a carência de instituições públicas que oferecem educação profissional. Cerca de 30% das pessoas que não conseguiram concluir algum curso de qualificação de profissional alegaram dificuldades financeiras, sendo que a maioria dessas pessoas estava em instituições particulares de ensino (OIT, 2014).

A educação técnica e tecnológica tem sido associada também aos arranjos produtivos locais. Ou seja, a questão inicial a ser respondida quando da implantação de escolas e cursos de formação profissional é: Qual é a vocação econômica da cidade ou região, e quais são as demandas do mercado de trabalho ali existentes?

A formação técnica, nesse sentido, a despeito de épocas e sociedades anteriores ao desenvolvimento científico e tecnológico, passa a ter uma centralidade antes desconhecida. Mesmo com todas as dificuldades de ordem histórica, o conhecimento técnico é uma exigência em todas as áreas do conhecimento, e a hierarquização entre trabalho manual e trabalho intelectual aparece mais como um preconceito a ser superado que como uma convicção a ser mantida. No entanto, não é possível que se mantenha a hegemonia de um tipo de saber subordinado à lógica do mercado sem se colocar em questão o que é esse mercado e como se constitui.

Como vimos nos capítulos anteriores, o desenvolvimento técnico faz parte da cultura, e as sociedades modernas e contemporâneas têm sido marcadas por uma preocupação crescente com o desenvolvimento técnico. A redução da educação profissional aos interesses estritos e estreitos da produção em nome da empregabilidade, do empreendedorismo, da eficácia e da eficiência dos processos produtivos, sem uma discussão ampla de onde surgem esses conceitos, limita as possibilidades de um desenvolvimento social amplo. Mesmo a ênfase salvacionista na educação profissional e no seu potencial de empregabilidade deve ser vista com cautela. O apoio a pequenos e microempreendedores, o compromisso com empreendimentos de base tecnológica, a formação integrada em todos os níveis e modalidades de ensino, a modernização da legislação trabalhista, uma estratégia clara para certificação e regulamentação profissional são ações que, interligadas, podem garantir uma boa política de geração de emprego e renda.

É importante lembrar que o crescimento econômico e a qualidade de vida para todos não têm andado juntos. Como afirma Ciavatta (2007), "a redução da educação à preparação para o mercado de trabalho desloca a questão política da educação do cidadão produtivo emancipado para o trabalhador 'colaborador', submisso às necessidades da reprodução e da acumulação do capital" (p. 149).

Mesmo porque o trabalho manual hoje tem sido substituído cada vez mais pela automação e o trabalho intelectual está cada vez mais atrelado às formas de produção de conhecimento mediadas por novas tecnologias. Essa mudança se faz sentir mesmo naquelas sociedades que Paulo Freire chamou de fechadas ou sociedades objetos, oriundas do processo de colonização em que o centro de decisão está fora dela. Nessas sociedades, por questões ideológicas, se consideram o trabalho manual degradante e indignos os que trabalham com as mãos. Os intelectuais são os trabalhadores considerados dignos, e as escolas técnicas se enchem de filhos das classes populares, enquanto os filhos das elites se dirigem ao ensino de caráter propedêutico (FREIRE, 1999, p. 35).

A demanda atual por mão de obra especializada tem mudado gradativamente esse quadro, dando-se cada vez mais ênfase às escolas técnicas e tecnológicas. A formação de técnicos e tecnólogos na atualidade demanda o fim da polarização simplificadora entre conteúdos científicos e conteúdos propriamente técnicos, mesmo porque as relações entre ciência e tecnologia deixaram de ser de causa e consequência. Há muitos conhecimentos de origem tecnológica que darão importante suporte para o desenvolvimento científico, e já não se concebe a inovação tecnológica desvinculada de um investimento importante em produção de conhecimento.

A formação técnica e tecnológica deve estar associada à alfabetização científica e tecnológica. Essa é uma necessidade educativa para todos. Falávamos nos capítulos anteriores do letramento e da alfabetização digital, ambos importantes para o exercício da cidadania. Uma formação técnica e tecnológica que vise a alfabetização científica e tecnológica busca um mundo extramuros da alfabetização funcional em que nos tornamos apenas bons operadores, seja da língua escrita e falada, seja da linguagem digital. É necessário almejar a transformação.

Uma formação que despreze a educação técnica e tecnológica condena os países emergentes à derrota perante os desafios políticos e econômicos em nível nacional e internacional. Uma educação tecnicista, centrada apenas em ensino e aprendizagens instrumentais, produz indivíduos instrumentalizados e incapazes de exercer profissões que demandam domínio dos aspectos operacionais e também estratégicos. Faz parte da formação para o trabalho o comunicar-se, generalizar, planejar, ler, estruturar, traduzir, medir. Aspectos cognitivos e operativos estão entrelaçados.

Não é de todo correto afirmar que a educação profissional no Brasil ainda mantém a prática política da divisão do trabalho entre os que sabem mais, planejam e decidem e os que sabem menos, o suficiente para operar. Quando temos contato com legislação específica e documentos norteadores de como devem ser organizados os cursos técnicos e tecnológicos, observamos que há a tentativa de superar esse dualismo redutor e mantenedor de desigualdades sociais e atraso científico e tecnológico. Digamos que essas questões são objeto de debate nos órgãos governamentais aos quais cabe definir as políticas públicas para a formação profissional, nas diretrizes escolares, nas salas de aula e entre os próprios estudantes.

A educação técnica e tecnológica, no momento atual, busca o fim do dualismo de natureza ideológica que impede muitas vezes a própria compreensão do que sejam a formação do trabalhador e a importância dessa formação. Os pesquisadores da educação técnica e tecnológica têm defendido cada vez mais uma formação integrada: é necessário articular a cultura geral, os fundamentos científico-tecnológicos do trabalho e o aprendizado teórico-prático.

Nesse aspecto destacamos alguns itens importantes desse processo de mudança (PACHECO, 2012):

» A educação técnica e tecnológica, embora considere importante a seleção de conteúdos para a atuação no mercado de trabalho, não se reduz a isso. Tem em vista a formação ampliada nos diversos campos do conhecimento (ciência, tecnologia, trabalho e cultura).

» A preparação para o trabalho não é meramente preparação para o emprego, nem se reduz à busca da empregabilidade. É necessário desenvolver a compreensão do mundo do trabalho e a capacidade de entender, intervir e participar ativamente de um mundo em rápida transformação científica e tecnológica.

Tem ficado para trás uma formação técnica e tecnológica que despreze os aspectos humanos ou o ensino e a aprendizagem de técnicas dissociadas do contexto social em que se deve considerar a responsabilidade socioambiental de indivíduos, empresas e coletividades. Sem essa perspectiva, pouco se avançará em termos de qualidade do ensino e do papel estratégico da educação profissional e tecnológica.

Vamos recapitular?

Costuma-se reduzir o mundo do trabalho à lógica do mercado do trabalho. Mas, como vimos neste e em outros capítulos, a experiência do trabalho não se reduz a isso. Se retomarmos a parábola citada pelo filósofo Walter Benjamin no início do capítulo, veremos que o trabalho podia ser ligado à vida ela mesma. Não é só uma questão de busca ao ouro, mas de composição da vida social como um todo. No entanto, após a guerra, prevaleceram o vínculo competitivo do período e, segundo Benjamin, um empobrecimento da experiência, com preponderância da morte e da necessidade de sobrevivência. As palavras de guerra e mesmo os testes de seleção são provenientes desse ambiente hostil e se esparramam com outros discursos pelas empresas. Entender esses mecanismos competitivos e seletivos é fundamental para a compreensão do que está em jogo em relação ao emprego e à empregabilidade.

Vimos a conformação do mundo do trabalho, seja na formalidade ou na informalidade, e questões envolvendo desigualdade social, gênero e etnia. Os dados revelam as disparidades e desigualdades na composição do quadro do emprego no mundo atual, inclusive em relação à juventude e suas dificuldades nesse contexto.

Terminamos o capítulo recuperando alguns indicadores sobre a educação profissional técnica e tecnológica em nosso país. Eles servem, como o próprio nome diz, de indicativos da atuação do tipo de educação e do papel estratégico que cumpre no sistema educacional brasileiro.

Agora é com você!

1) Assista ao filme *El método* (*O que você faria?*), disponível em <http://www.youtube.com/watch?v=dDJSPtB0aeg>, e crie uma discussão sobre os processos seletivos para a procura de emprego de acordo com o que vimos neste capítulo.

2) Retome o que o Capítulo 4 aborda sobre o Estado desenvolvimentista no Brasil e discuta a relação com os dados apresentados neste capítulo.

3) Escreva sobre como se deu o início da educação profissional no Brasil e sua consolidação e características atuais.

Bibliografia

ADORNO, T. W. **Educação e emancipação**. São Paulo: Ed. Paz e Terra, 1996.

_____. **Minima moralia: reflexões a partir da vida lesada**. (trad. Gabriel Cohn). Rio de Janeiro: Azougue, 2008.

_____. & HORKHEIMER, M. **Dialética do esclarecimento**. Trad. Guido Antonio de Almeida. Rio de Janeiro: Zahar Ed., 1985.

ANTONIL, A. J. **Cultura e opulência do Brasil**. 3. ed. Belo Horizonte : Itatiaia/Edusp, 1982.

ARGAN, G. C. **Arte moderna**. São Paulo: Companhia das Letras, 2010.

ARIÉS, P. Por uma história da vida privada. In: **História da vida privada (vol. 3)**. São Paulo: Companhia das Letras, 2000.

BARROS, A. Arte: um tecido de luz. In: **Mídias e artes:** os desafios da arte no início do século XXI. São Paulo: Unimarco, 2002.

BATISTA, S. S. S. **Teoria crítica e educação:** a contribuição do pensamento de T.W. Adorno. Dissertação de Mestrado apresentada ao Instituto de Psicologia da USP. São Paulo, 1997.

BIRZEZINSKI, I. Fundamentos sociológicos, funções sociais e políticas da escolha reflexiva e emancipadora: algumas aproximações In: ALARCÃO, I. (org.). **Escola reflexiva e nova racionalidade**. Porto Alegre: Artmed, 2001.

BOURDIEU, P. As contradições da herança. In: NOGUEIRA, M. A. e CATANIO, A. (orgs). **Escritos de educação**. Rio de Janeiro: Petrópolis, 2007.

_____ & PASSERON, J-C. **A reprodução**. Petrópolis, RJ: Editora Vozes, 2008.

_____. **Os herdeiros**: os estudantes e a cultura. Santa Catarina: Editora UFSC, 2013.

CAMBI, F. **História da pedagogia**. São Paulo: Ed. Unesp, 1999.

CAPES. **Menu Capes**. Disponível em: http://www.capes.gov.br/. Acesso em 26 mai. 2014.

CHARTIER, R. **A aventura do livro:** do leitor ao navegador. São Paulo: Editora Unesp, 2003.

CIAVATTA, M. **Memória e temporalidades do trabalho e da educação**. Rio de Janeiro: Faperj/Lamparina, 2007.

_____. Do espaço da fábrica para o espaço da escola. **Memória e temporalidades do trabalho e da educação.** Rio de Janeiro: Faperj/ Lamparina, 2007.

CARVALHO, A. B.; SILVA, W. C. L.. **Sociologia e educação**. Leituras e interpretações. São Paulo: Avercamp, 2006.

CASTELLS, M. **A sociedade em rede.** São Paulo: Paz e Terra, 2000.

CHAUÍ, M. **Convite à filosofia**. São Paulo: Editora Ática, 2003.

CNPQ. **Tabela das áreas do conhecimento**. Disponível em: http://www.cnpq.br/documents/ 10157/186158/TabeladeAreasdoConhecimento.pdf. Acesso em: 10 mar. 2014.

COHN, G. (org.). **Sociologia**: para ler os clássicos. Rio de Janeiro: Azougue, 2005.

COMTE, A. **Coleção Os Pensadores**. São Paulo: Editora Abril, 2005.

DELEUZE, G. **Conversações**. Rio de Janeiro: Editora 34, 1992.

DURKHEIM, É. *As regras do método sociológico*. São Paulo: Martins Fontes, 1999.

_____. **Educação e sociologia**. São Paulo: Melhoramentos, 1978.

EINCHENBERG, F. Doutor Guilhotina. **Revista Aventuras na História**. São Paulo, Ed. Abril, ed. 47, julho de 2007.

FERNANDES, M. **A História é uma história.** Porto Alegre: LP&M, 1978.

FEUSP. **Departamento de Filosofia e Ciências da Educação**. Disponível em: http://www4.fe.usp.br/pos-graduacao/institucional/areas-tematicas. Acesso em: 10 mar. 2014.

FOUCAULT, M. **Em defesa da sociedade:** curso no Collège de France (1975-1976). São Paulo: Martins Fontes, 1999.

_____. **Vigiar e punir:** nascimento da prisão. Petrópolis: Vozes, 1987.

FRANCO, M. A. **Pedagogia como ciência da educação.** 2.ª ed. São Paulo: Cortez, 2008.

FRADE, I. C. A. S.; MACIEL, F. I. P. (orgs.). **História da alfabetização:** produção, difusão e circulação de livros (MG, RS, MT – **sécs**. XIX e XX). Belo Horizonte: UFMG/FaE, 2006.

FREIRE, P. **Educação e mudança**. Rio de Janeiro: Paz e Terra, 1999.

FRIGOTTO, G.; CIAVATTA, M.; RAMOS, M. A política de educação profissional no Governo Lula: um percurso histórico controvertido. **Revista Educação e Sociedade.** Campinas, v. 26, n. 92, outubro 2005.

IBGE. **Pesquisas estruturais.** Disponível em: http://www.ibge.gov.br/home/estatistica/pesquisas/estudos_especiais.php. Acesso em: 20 abr. 2014.

INEP. **Portal Inep.** Disponível em: http://www.inep.gov.br/. Acesso em: 28 mai. 2014.

INSTITUTO PAULO FREIRE. **Programas e projetos.** Disponível em: http://www.paulofreire.org/. Acesso em: 10 abr. 2014.

LÉVY, P. **Cibercultura**. Rio de Janeiro: Editora 34, 1999.

_____. **As tecnologias da inteligência**. Rio de Janeiro: Editora 34, 1993.

LIBÂNEO, J. C. **Pedagogia e pedagogos**. Curitiba: Editora da UFPR, 2006.

LIMA, B. A. **Caminho suave:** alfabetização pela imagem (renovada e ampliada). 99.ª ed. São Paulo: Caminho Suave, 1988.

LOPES, M. A. Explorando um gênero literário: o romance de cavalaria. **Revista Tempo.** Volume 15, n. 30, junho de 2011. Disponível em: http://www.historia.uff.br/tempo/site/wp-content/uploads/2011/04/v15n30a07.pdf. Acesso em 28 mai. 2014.

MARTINS, C. B. **O que é a Sociologia**. 38.ª ed. (Coleção Primeiros Passos) São Paulo: Brasiliense, 1994.

MARX, K. **O capital:** crítica da economia política (Livro I – vol. 2). Rio de Janeiro: Civilização Brasileira, 2002.

_____. & ENGELS, F. **A ideologia alemã.** São Paulo: Martins Fontes, 1998.

MIEIRIEU, P. **Ciências da educação e pedagogia.** Disponível em: http://www.meirieu.com/index.html>. Acesso em 20 mar. 2014

MONTAIGNE, M. **Ensaios**. Coleção Os Pensadores (vols. I e II). São Paulo: Nova Cultural, 1996.

NÓVOA, A. (2010). **Relação Escola/Sociedade: Novas Respostas Para um Velho Problema**. Disponível em: http://www.acervo digital.unesp.br/bitstream/ 123456789/24/3/ EdSoc_Rela%C3%A7%C3%A3o_escola_sociedade.pdf. Acesso em 18 mar. 2014

OLIVEIRA, R. M. M. A. **Ensino e aprendizagem escolar:** algumas origens das ideias educacionais. São Carlos: EdUFSCar, 2009.

OLIVEIRA e SILVA, I.; LEÃO, G. (orgs.). **Educação e seus atores:** experiências, sentidos e identidades. Coleção Estudos em EJA. Belo Horizonte: Ed. Autêntica, 2011.

PACHECO, E. (org.) **Perspectivas da educação profissional técnica de nível médio.** Proposta de Diretrizes Curriculares. Brasília: Fundação Santillana/Ed. Moderna, 2012.

RAMOS, M. **Trabalho, educação e correntes pedagógicas no Brasil.** Rio de Janeiro: EPSIV, UFRJ, 2010.

RETC. **Revista Eletrônica de Tecnologia e Cultura.** Dossiê Tecnologia da Informação e Educação. Disponível em: www.revista-fatecjd.com.br. Acesso em 28 mai. 2014.

RIBEIRO, C. E. D. Arquitetura, design e natureza. **Revista Integração.** Universidade São Judas Tadeu. Disponível em: ftp://ftp.usjt.br/pub/revint/60_60.pdf. Acesso em: 20 mai. 2014.

ROTERDÃ, E. **Elogio da loucura.** São Paulo: Sapienza, 2005.

ROUSSEAU, J.-J. **Emílio ou Da educação.** Trad. Sergio Milliet. Rio de Janeiro: Bertrand Brasil, 1995.

SANTOS, M. **Metamorfoses do espaço habitado.** São Paulo: Hucitec, 1993.

SCHNEIDER, B.R. **Estado Desenvolvimentista no Brasil:** perspectivas históricas e comparadas. Rio de Janeiro, IPEA, 2013. Disponível em: http://repositorio.ipea.gov.br/bitstream/11058/2034/1/TD_1871.pdf. Acesso em: 19 jun. 2014

UNESCO. **Educação para todos:** o acordo de Dacar. Disponível em: http://unesdoc.unesco.org/ images/0012/001275/127509porb.pdf. Acesso em 18 mai. 2014.

VASCONCELOS, A. C. **Estruturas da natureza**. São Paulo: Studio Novel, 2000.

WARSCHAUER, M. **Tecnologia e inclusão social:** a exclusão digital em debate. São Paulo: Senac, 2006.

WEBER, M. **A ética protestante e o espírito do capitalismo.** São Paulo: Companhia das Letras, 2004.

_____. **Economia e sociedade:** fundamentos da sociologia compreensiva (Vol. 1). Brasília: Editora Universidade de Brasília, 2000.